U0381986

刘子平 ● 著

环境非政府组织
在环境治理中的作用研究

基于全球公民社会的视角

中国社会科学出版社

图书在版编目(CIP)数据

环境非政府组织在环境治理中的作用研究：基于全球公民社会的视角/刘子平著. —北京：中国社会科学出版社，2016.6

ISBN 978 - 7 - 5161 - 8048 - 8

Ⅰ.①环… Ⅱ.①刘… Ⅲ.①社会团体—作用—环境管理—研究 Ⅳ.①X32

中国版本图书馆 CIP 数据核字(2016)第 084343 号

出 版 人	赵剑英	
责任编辑	郎丰君	戴玉龙
责任校对	孙洪波	
责任印制	戴 宽	

出 版	中国社会科学出版社	
社 址	北京鼓楼西大街甲 158 号	
邮 编	100720	
网 址	http://www.csspw.cn	
发 行 部	010 - 84083685	
门 市 部	010 - 84029450	
经 销	新华书店及其他书店	

印 刷	北京金瀑印刷有限责任公司
装 订	廊坊市广阳区广增装订厂
版 次	2016 年 6 月第 1 版
印 次	2016 年 6 月第 1 次印刷

开 本	710×1000 1/16
印 张	11.25
插 页	2
字 数	201 千字
定 价	42.00 元

目　录

序

　　环境问题既是一个老问题，也是一个新问题。说它是老问题，是因为自人类社会形成以来，环境问题就已经出现并且绵延至今；说它是新问题，是因为人类生存环境的显著恶化并成为全球高度关注的热点之一，只是最近几十年的事情。环境问题的"全球性"、"整体性"、"渗透性"、"公益性"等特征，使其治理极为艰难。尽管在本质上仍呈无政府状态的当代国际社会中，主权国家依然扮演着环境治理的主导性角色，但在迅猛发展的信息革命和日益深入的全球化面前，这类行为体所面临的难题愈来愈多，行动上也越来越力不从心，在很多议题领域甚至可以说是无能为力。在这样的大背景下，非政府组织等非国家行为体异军突起，日益活跃。它们试图填补国家行为体在全球治理领域留下的诸多空白。环境非政府组织就是这样的行为体。

　　作为一种新兴的社会力量，环境非政府组织凭借自身所具有的信息、知识和机制等优势，已经广泛介入环境治理事务，发挥着越来越大的作用，并因此而受到越来越多的关注。那么，环境非政府组织在环境治理中到底发挥着怎样的作用？其推动力量来自哪里？制约因素又是什么？它与国家行为体以及其他类型的非国家行为体的关系如何？它将向何处去？这些问题都需要在进行全面、细致的资料梳理基础上，运用严谨、规范的方法，进行扎实、深入的研究，从而得出可靠的判断，并据此提出具有前瞻性和可操作性的政策建议。刘子平博士的这本书正是试图在上述方面有所建树。

　　子平曾是我指导的博士研究生。初一接触，便感觉他是一位尊重师长、质朴敦厚的好后生；随着时间的推移，更是逐渐发现他用心读书、勤于思考、长于写作、学风端正等素质，而这些都是一位优秀人文社会科学研究者必须具备的。他也是迄今为止我所指导的博士生中成绩较为突出的一个。在 2009 年 9 月至 2012 年 6 月攻读博士学位期间，他总共发表了 20 余篇论文，其中核心期刊 9 篇；也参与了一些国家和省部级的研究项目，获得很好的学术锻炼。他的学位论文在匿名评审过程中获得了知名专家们的较高评价。博士毕业回聊城大学工作后，子平在从事繁重的教学和管理工作的同时，在国际政治和政党政治两个领域辛勤耕耘，新的学术成果陆续问世，并先后获得国家社科基金等多个高级别项目的资助。我为他的进步感到由衷高兴！

呈现在读者面前的这本书，是子平在其博士学位论文基础上经过反复修改、细致补充而成。在我看来，它具有以下显著特点。

首先，本书对环境非政府组织发展历程的总结是全面准确的，对环境非政府组织作用的分析是客观恰当的。作者将环境非政府组织的发展历程划分为三个阶段，并对每一阶段的情况进行了细致梳理；继而从五个方面分析了环境非政府组织在环境治理中的作用，即环境治理的积极参与者；环保政策的积极推进者；国际环境法律机制创新的引领者；环保理念的普及者；环保人士的凝聚者与守卫者。

其次，本书在探讨环境非政府组织在环境治理中的作用时运用新的视角，得出了具有重要学理价值的结论。在学术研究中，选取新颖视角是实现学术创新的关键环节之一。在以往的非政府组织和环境非政府组织研究中，已有学者采用治理理论、国际机制理论等视角，相关成果亦颇具价值。子平博士则另辟蹊径，从全球公民社会的视角切入，对环境非政府组织在环境治理中的作用进行了系统研究，认为全球公民社会对环境非政府组织的发展与作用发挥有正向促进和反向制约两种作用。这一研究视角大有助于拓展环境非政府组织研究的范围，据此得出的结论也大有助于深化人们对相关问题的认识。

最后，本书资料翔实且运用得当。涉及环境非政府组织的研究资料浩如烟海；学界对环境非政府组织作用的理解更是众说纷纭，莫衷一是。子平博士在大量研读、仔细甄别相关文献的基础上，以客观平实的态度、条分缕析的方式处理相关资料，十分注意征引的全面性、权威性和代表性，力求做到去粗取精，去伪存真，从而为得出可靠且具启发性的判断奠定了坚实基础。

当然，与所有学术作品一样，本书尚有改进的空间。比如，有些判断可能需要进一步推敲；有些观点的论证可以更细密一些；个别章节的行文应当更简练一些。但瑕不掩瑜。无论如何,这是一本年轻学人的用心之作,值得认真阅读。希望子平博士在今后的学术生涯中继续开阔视野,不断提升能力,蹄疾步稳,以更多、更好的成果奉献给我们这个时代,我们这个国家。

是为序。

王存刚
2015 年 9 月 17 日于天津师范大学国际关系与全球问题研究所

导　　论

一　问题的提出与研究的意义

（一）问题的提出

环境问题既是一个老话题，也是一个新问题。说它是一个老话题，是指自从人类社会产生以来，人就开始了对自然的影响，因此环境问题的产生不可谓不早，在史前文明时期就已经存在。说它是一个新问题，是指在工业革命以后它的存在与发展已经威胁到人类社会的正常运转，20 世纪 60 年代以来这种威胁更加突出。环境问题成为全球性的焦点话题更是最近二三十年的事情。随着环境问题日趋政治化与经济化，这一曾经处于国际政治边缘的问题逐渐向中心位置转移，成为当代国际政治与国际关系研究的一个非常重要的领域。

自 20 世纪 60 年代以来，日趋严重的环境问题使人类社会面临史无前例的挑战，各种非政府组织大量涌现。它们在地区和世界范围内开展各种活动，发挥了显著的积极作用，环境非政府组织就是其中非常引人注目的一类。由于环境问题自身所具有的全球性、整体性、渗透性、公益性等特征，环境问题的解决需要各种力量的相互配合与协作。仅仅依靠主权国家政府来实现对环境问题的最终解决是不现实的。尽管主权国家政府在环境治理与环境保护中发挥了重要作用，但现实中的两方面矛盾制约着主权国家的环境治理与环境保护：一是各国政府主权的有限性与环境问题的跨国性之间的矛盾；二是各国政府的民族利己主义与环境问题的国际公益性之间的矛盾。这两方面矛盾的存在使主权国家政府在面对复杂的环境问题时要么是力不从心，要么是追求短期的政绩和利益而把环境治理与保护放于经济增长之后，甚至对环境与资源进行滥用而造成难以弥补的环境灾难。在一些国家，政府就是导致本国生态环境恶化的主要原因。

正是由于主权国家政府在生态环境治理上越来越力不从心，环境非政府组织作为生态环境治理中的一种新的、具有特定作用的新生重要力量，日渐走向国家政治舞台的前台。环境非政府组织利用自身具有的信息优势、知识优势和机制优势，通过加强与社会各界的沟通，采取集体行动向国际社会和各国政府施加压力，促进了国际生态环境事务决策的民主化与透明化，也进一步促进了全球公民社会的成长。各种以实现生态环境优化作为价值目标的环境非政府组织是全球公民社会中最为主要，也是最为活跃的部分。环境非政府组织通过提出、传播和推广生态环境保护价值规范和行为准则，表达其全球意识和全球价值取向，体现了全球公民社会的思想。实践表明，很多环境非政府组织在制定和实施国际环境条约等方面起到了关键作用。在国家内部，环境非政府组织也为实现本国生态环境问题的解决提供了强大动力，特别是在提高公众的环境保护意识和环境伦理的建立等方面更是发挥了不可替代的作用。

在生态环境治理中，我们在看到环境非政府组织的积极作用的同时，也应该看到环境非政府组织也有自身的局限性，例如，合法性不足问题，经济上的依赖性问题，非政府组织间的合作问题。正因如此，我们有必要对环境非政府组织在生态环境治理中的作用做一个全面深入的研究，对其解决世界环境问题的利弊进行分析，以更大程度地发挥其优势作用，限制和克服其消极影响。

（二）研究的意义

1. 研究的理论意义

自20世纪60年代以来，国际社会行为主体呈多元化发展趋势。随着全球环境问题的日益严重，环境非政府组织以其作用的独特得以迅速发展，并成为世界环境治理过程中不可或缺的重要力量。环境非政府组织与国家、政府间组织以及跨国公司等行为体相比，又具有与之截然不同的属性，这就使得对环境非政府组织的研究具有重要的理论意义。特别是近年来，随着全球公民社会的兴起与发展，作为全球公民社会组成部分的环境非政府组织在世界政治中的地位和作用愈加明显。以全球公民社会理论为分析工具来研究环境非政府组织，可以进一步推动非政府组织理论的发展，丰富非政府组织研究的视角和内容。

2. 研究的现实意义

通过对环境非政府组织进行深入透彻的梳理和研究，可以更加全面地把握环境非政府组织，更深刻地理解其作用和意义。因此，在以往学者研究的基础上，以全球公民社会为视角来对环境非政府组织的发展演变、作用及发展前景等进行系统的分析，将更有助于对国际政治与国际关系行为体的变迁及对整个国际社会的变化有一个更完整的认识和理解。也可以更加清楚地认识到环境非政府组织在世界环境治理和国际关系中不可替代的作用和意义。通过对其准确的定位，还可以为我们提供处理环境非政府组织与政府、国际组织和跨国公司之间的关系，优化环境非政府组织的管理与运作，从而让其发挥越来越重要的作用。这对世界、对我国的经济政治发展都有重要的现实意义。

我国的环境非政府组织建立较晚。自 20 世纪 90 年代以来，一批环境非政府组织相继成立，并致力于环境治理与环境保护，推动人与自然的和谐发展。它们的影响也越来越大，成为我国非政府组织中最活跃的一个群体。我国政府和学者也逐渐认可并重视这一组织。但是，目前我国的环境非政府组织尚处于起步阶段，不仅数量少、规模小，而且自身还存在独立性差、资金不足、专业人员匮乏、组织规范化程度低等诸多问题。通过对环境非政府组织的系统研究，特别是其在环境治理与环境保护中的功能研究，可以借鉴国际环境非政府组织和发达国家环境非政府组织发展的经验教训，为我国的环境非政府组织的发展和作用的持续发挥打下良好基础。

二　国内外研究现状评估

作为一种作用发挥日益显著的社会力量和行为体，非政府组织和环境非政府组织正受到越来越多的关注。非政府组织所引发的社会团体变革也为社会科学研究者提供了丰富的研究内容和日程。非政府组织正以其独特的魅力吸引着越来越多的政治学、国际政治与国际关系学、社会学、心理学等各界研究者的视线。国内外学术界对非政府组织及环境非政府组织进行了深入的研究与探讨，获得了丰硕成果。

（一）国外关于非政府组织和环境非政府组织的研究现状

非政府组织的广泛发展和在国际政治中所起到的作用越来越大是第二次世界大战以来引人注目的新问题。正是由于非政府组织在国际体系中发挥的作用愈加显著，西方学术界开始关注和研究它。关于非政府组织研究的兴起是从 20 世纪 60 年代末 70 年代初开始的。这一时期西方学者研究的主要特点是：主要采用跨国关系的分析框架，相关的非政府组织和环境非政府组织的研究主要放在跨国关系和非国家行为体的总体研究中，但缺乏相应的独立性。① 罗伯特·基欧汉和约瑟夫·奈合著的《跨国关系与世界政治》（*Transnational Relations and WorldPolitics*）是这一时期研究的代表性著作。这一时期的学者把非政府组织看做是国内政治的影响因素之一。

随着罗伯特·考克斯《社会力量、国家与世界秩序：超越国际关系理论》一文于 1980 年的发表，国际政治的研究开始转向对社会力量的关注和研究。20 世纪 90 年代以后，西方学界开始把非政府组织作为国际治理体系网络中不可缺少的一个行为体来进行研究，从理论上构建非政府组织研究的理论框架，研究深入到了各个领域，如环境、人权、妇女、和平、人道救助等领域，也包括对一些重要的国际非政府组织的个案研究。可以说从 20 世纪 90 年代至今的这一段时期，是非政府组织和环境非政府组织研究的快速发展时期。这一时期的非政府组织和环境非政府组织的研究主要表现为以下五个方面：

（1）把非政府组织看做是参与国际政治的一种重要力量进行研究，并发表了大量的研究成果。其中代表作有：玛格丽特·E. 凯克（Margaret E. Keck）等著的《超越国界的活动家——国际政治中的倡议网络》（*Activists beyond Borders：Advocacy Networks in International Politics*），唐·乔纳森（Don Johnathan）著《全球化与非政府组织：转型商务，政府与社会》（*Globalization and NGOs：TransformingBusiness，Government and Society*），尼尔森·保罗（Nelson Paul）著的《世界银行和非政府组织：非政治化发展的界限》（*The World Bank and Non－governmental Organization：the Limit of Apolitical Development*），亨利·F. 凯利（Henry F. Carey）著《缓解冲突：非政府组织的作用》（*Mitigating Conflict：the role of NGOs*）。

（2）从宏观和微观的层面来研究环境非政府组织。宏观上是从政治学的研究视角分析环境非政府组织对国际政治的影响以及其在全球环境外交上所起的作用；微观上详细分析和阐释了环境非政府组织在某一问题领域、某一地区的作用或环境非政府组织与政府间国际组织的关系等。代表作有约翰·E. 卡罗尔（John E. Caroll）著的《国际环境外交》（*International Environmental Diplomacy*），托马斯·普林森（Thomas Princen）著的《世界政治中的环境非政府组织：世界与地区的联络》（*Environmental NGOs in World Poli-*

---

① 刘贞晔：《国际政治领域中的非政府组织》，天津人民出版社 2005 年版，第 12 页。

tics: Linking the local and the global），彼得·威利茨（Peter Willets）著的《世界的良知：影响联合国系统的环境非政府组织》（The Conscience of the World: the Influence of NGOs in the UN system），李-安妮·布罗德赫德（Lee-Anne Broad-head）著的《国际环境政治：绿色外交的限制》（International En vironmental Pol-itics: the limits of green diplomacy）。

（3）从环境运动和全球环境政策角度对环境非政府组织自身特点或作用进行专门研究。代表作有：约翰·麦考密克（John McCormick）著的《收回乐园：全球环境运动》（Reclaiming Paradise: The Global Environmental Move-ment），洛林·利奥特（Lorraine Elliot）著的《全球政治中的环境》（The Global Politics of the Environment）。

（4）从治理和公民社会理论的视角来分析和研究非政府组织。比较典型的有：詹姆斯·罗斯诺（James Rosenau）主编的《没有政府的治理：世界政治中的秩序和变化》（Governance without Government: the Order and Change in World Politics），保罗·韦普纳（Paul Kevin Wapner）著的《环境行动主义和世界公民政治》（Environmental Activism and World Civic Politics），亚历杭德罗·科拉斯（Alejandro Colás）《国际民间社会：世界政治中的社会运动》（Interna-tional Civil Society: Social Movements in World Politics），L.M. 萨拉蒙（L. M. Salamon）《全球公民社会：非营利部门视界》（Global Civil Society: Non - Profit Sector Perspective）。

（5）从法律的视角来分析和研究非政府组织。西方学者对非政府组织的法律地位的研究也是比较多的。如：亚历山大·基斯（Alexander Keith）《国际环境法》（International Environmental Law）从国际环境法的角度讨论了非政府组织的地位和作用，并以世界野生生物基金会和国际自然保护同盟为案例阐述其对于国际环境法的重要意义。[①] 法尔哈纳·亚明（Farhana Yamin）著的《非政府组织和国际环境法：角色和责任的批判性评价》（NGOs and International Environmental Law: A Critical Evaluation of Their Roles and Responsi-bilities）对非政府组织在国际环境法中的发展历史、所扮演的主要角色进行了详细的梳理和分析，认为非政府组织在国际环境法中地位将日益突出。[②]

---

① ［法］亚历山大·基斯：《国际环境法》，张若思译，法律出版社 2000 年版，第 151—152 页。

② Farhana Yamin, "*NGOs and International Environmental Law: A Critical E-valuation of their Roles and Responsibilities*", RECIEL, 2001, 10 (02) . pp. 149 - 162.

（二）国内关于非政府组织和环境非政府组织的研究现状

与西方学术界相比，我国非政府组织研究起步的时间较晚。直到 20 世纪 90 年代末，我国学者才开始注重对非政府组织的研究。1998 年清华大学成立了 NGO（非政府组织）研究所，其是国内较早专门从事非政府组织研究的机构之一。此后，北京大学公民社会研究中心和浙江大学公民社会研究中心也相继成立。国内非政府组织研究步入发展时期。经过不懈努力和深入研究，国内也涌现了一大批有关非政府组织研究的优秀成果。这些研究成果主要集中在对非政府组织的总体研究、比较研究、个案研究和非政府组织内部的管理研究等几个方面。

正是在这一背景下，环境非政府组织的研究也逐步发展起来，一系列论文先后发表。这些论文主要从以下几个方面进行了相关的研究：

（1）环境非政府组织的功能与作用研究（侧重于我国的环境非政府组织研究）。王名、佟磊针对日益严重的环境问题，认为："NGO 在环境保护领域内开展着多种多样的活动，在环境治理中发挥着越来越重要的作用，同时分析了发挥环保 NGO 作用所需要的条件，并为促进环保 NGO 发展提出了政策建议。"[1] 凌定勋、李科林认为："在当前的环境管理体系背景下，环保 NGO 明确自身的角色定位有利于提高效率，环保 NGO 应以合作者、监督者、环保决策的参与者和环保理念的宣传者的角色规范自己以提高自己的行为能力。"[2] 郑克岭、李春明、孙健认为："循环经济在本质上是生态经济，是一种符合可持续发展理念的经济增长模式。在循环经济发展中，必须充分发挥环境非政府组织的功能——循环经济理念宣传和自我教育功能、社会力量的疏导和整合功能、对市场失灵和政府失灵的弥补，进而建立以政府力量为主体、社会公众全面参与的循环经济发展体系。"[3] 王津、陈南等人针对我国环境 NGO 在环保领域的快速壮大，认为："我国的环境 NGO 已经初具规模，我国环境 NGO 的面貌与功能已经发生悄然变化，

---

① 王名、佟磊：《NGO 在环保领域内的发展及作用》，载《环境保护》2003 年第 5 期，第 35 页。

② 凌定勋、李科林：《当前环境管理体系下环保 NGO 角色定位及生存环境探讨》，载《环境科学与管理》2009 年第 5 期，第 1 页。

③ 郑克岭、李春明、孙健：《环境非政府组织在循环经济发展中的功能分析》，载《大庆社会科学》2007 年第 6 期，第 29—31 页。

彰显出作为环境政策的倡导者和推动者的倾向。"① 蒋惠琴通过"从环境保护运动到环境保护组织的历史考察中，揭示了非政府组织在环境保护方面所起的作用"，提出"环境非政府组织是公共参与环境保护的有效形式。"② 刘小青、任丙强选取"怒江建坝"决策公众参与为案例，采用访谈法和文献研究法，提出"怒江建坝决策政治参与是一个由 ENGOs 为关节点的开放网络型参与，以媒体工作者和环保生态专家为核心的城市知识性中间阶层是中国环境政治参与的引导者和推动者，公众进行环境政治参与的原动力是保护环境，其中 ENGOs 环境政治参与的动机具有'环保理念与政治理性并存'的特征。"③

（2）环境非政府组织的法律地位研究。刘芳、徐艳荣在阐释环境非政府组织概念与作用的前提下，分析了中国环境非政府组织的法律地位的现状，他们认为，"总体上看，在法律上我国环保 NGOs 面临的困难主要有三个方面，一是组织上很难取得合法的资格，另一方面是资金不足，第三是权力有限。"④ 为此，他们提出了一些法律建议："一是在环保 NGOs 的设立登记上规定统一的业务主管机关；二是应放松对环保 NGOs 营利活动的限制；三是明确赋予环保 NGOs 等环境主体以环境权；四是完善环保 NGOs 资金筹集渠道的法律。"⑤ 廖建凯认为："当前我国环境保护领域存在着'政府失灵'和'市场失灵'的现实问题，在此背景下，环境保护要求社会调整机制的引入。环境民间组织作为环境保护的一类组织，其生存下去的首要问题是其合法性问题。目前我国环境民间组织的合法性不足"⑥，针对上述问题，他提出"只有建立在公众法定环境权基础上的环境民间组织，才有可能在法律上获得充分的支持，具备完全的法律合法性。另外，在法律中明确规定公民环境权是解决国内环境民间组织合法性危机的必要

①　王津、陈南等：《环境 NGO——中国环保领域的崛起力量》，载《广州大学学报》（社会科学版）2007 年第 2 期，第 35—36 页。

②　蒋惠琴：《环境非政府组织：公众参与环境保护的有效形式》，载《学会》2008 年第 10 期，第 16 页。

③　刘小青、任丙强：《"怒江"建坝决策中的公众环境政治参与个案研究》，载《北京航空航天大学学报》（社会科学版）2008 年第 1 期，第 32 页。

④　刘芳、徐艳荣：《对我国环保 NGOs 的法律分析》，载《当代法学》2002 年第 6 期，第 47 页。

⑤　同上。

⑥　廖建凯：《国内环境民间组织合法性初探》，载《环境科学与管理》2005 年第 3 期，第 21 页。

条件。"①

肖晓春从国际环境法的视角阐释了环境 NGO 的法律地位，他认为："目前环境 NGO 在国际环境法中所具有的合法身份主要有咨商身份、观察员身份、合作伙伴身份、'法庭之友'身份。由此可见，环境 NGO 在国际环境法中的法律地位是有限的。"② 张乐群认为，"环境污染和生态破坏问题已经成为当前我国实现经济、社会、环境全面协调可持续发展的主要障碍。建立健全环境公益诉讼制度是保护生态环境的重要方式之一。环境 NGO 作为专业组织可以弥补公民个人和检察机关作为环境公益诉讼原告的不足③。但他同时指出，"环境 NGO 自身存在着组织缺乏规范化、制度化和法定化；资金来源及运作问题使其开展活动和与政府、企业对抗时力不从心；缺乏长期稳定的宗旨与使命；组织管理存在问题，如缺乏强制性责任机制、运作成本高、管理松散、缺乏社会公信力；缺乏与国内外环境 NGO 的交流与合作等问题，导致其在环境公益诉讼中作用的发挥受到局限。因此，发展路径一是应当加强对环境 NGO 的指导与管理，为其健康发展提供支持；二是尽快完善相关法律法规，对环境 NGO 从行政管理向依法管理转变；三是作为环境 NGO，应立足环境公益精神和志愿精神，自强自律，完善组织体系，提高专业水平；四是加强与国外环境 NGO 的交流与合作，学习它们科学的运营机制，成熟完善的组织架构，环境维权的成功经验等。"④ 任军成从我国环境保护组织的发展现状入手，指出："目前我国环境保护组织由于缺乏相应的法律保护、保障，民间环保组织往往在作用发挥上心有余而力不足，起不到应有的作用"⑤，因此应"提升民间环保组织的法律地位；加大政府的支持力度；完善民间环保组织发展中的相关法制"⑥。

（3）对国际环境非政府组织的研究。在 19 世纪至 20 世纪初，环境问

---

① 廖建凯：《国内环境民间组织合法性初探》，载《环境科学与管理》2005 年第 3 期，第 21 页。

② 肖晓春：《论环境 NGO 在国际环境法中的地位》，载《黑龙江省政法管理干部学院学报》2007 年第 1 期，第 112—113 页。

③ 张乐群：《论环境 NGO 在环境公益诉讼中的困境及其出路》，载《兰州交通大学学报》（社会科学版）2009 年第 5 期，第 72—73 页。

④ 同上。

⑤ 任军成：《关于我国民间环保组织的法律保障问题研究》，载《前沿》2010 年第 11 期，第 71 页。

⑥ 同上。

题一直被作为国内问题来看待。随着全球化的发展，20 世纪 70 年代以来，环境问题日益成为公众关注的焦点，国际环境非政府组织也应运而生并不断发展。万俊、罗猛认为："国际环境保护非政府组织的出现有力地促成了国际市民化社会的形成，对变革旧的国际关系格局的思维范式起到了重要作用。"① 桑颖认为："国际环境非政府组织是全球环境问题催生的新的国际行为体，它的兴起和发展为全球环境治理注入了新的动力因素，体现了国际合作的新趋势"②，并且"国际环境非政府组织具有专业性优势、公益性优势、网络化优势"③，因此其可以发挥"普及环境保护意识、对国家政策和行为的影响、与联合国的合作的桥梁沟通作用"④。

（4）对国外环境非政府组织的研究。随着环境问题的日益凸显，环境非政府组织的研究愈加深入，对国外环境非政府组织的研究成果也愈加丰富。李峰以英语的环境非政府组织为研究对象，分析了英国环境非政府组织的发展历史与典型阶段，在此基础上提出了英国环境非政府组织在英国政治生活中的地位和作用。⑤ 饶传坤以英国的一个环境保护组织——英国国民信托为案例，分析了英国环境保护组织在保护英国的自然环境和历史文化环境中起到的作用，提出其成功运作对我国的经验启示："营造良好的政策环境，整合各地资源，推动民间环保组织和历史文化保护组织的发展；适时制定国民环保信托法，引导民间环保信托组织的发展；激发全民参与意识，提高环保认同度；实施全方位环保政策，保护与开发相结合。"⑥ 张淑兰认为："环境运动在印度有着较长的发展历史，是世界上环境运动规模最大的国家之一，著名的环境非政府组织——拯救纳尔默达运动（NBA）组织的反坝运动举世闻名，然而现今却经历了重大曲折"⑦，

---

① 万俊、罗猛：《论国际环境保护非政府组织的兴起、形成及其作用机制》，载《黑龙江省政法管理干部学院学报》2006 年第 2 期，第 104 页。

② 桑颖：《国际环境非政府组织：优势和作用》，载《理论探索》2007 年第 1 期，第 136 页。

③ 同上。

④ 同上。

⑤ 李峰：《试论英国的环境非政府组织》，载《学术论坛》2003 年第 6 期，第 47—50 页。

⑥ 饶传坤：《英国国民信托在环境保护中的作用及其对我国的借鉴意义》，载《浙江大学学报》（人文社会科学版）2006 年第 6 期，第 87—88 页。

⑦ 张淑兰：《印度的环境非政府组织：以 NBA 为例》，载《唐都学刊》2007 年第 5 期，第 112 页。

通过对印度环境非政府组织——NBA 组织发展与政治动员的分析，她认为："第三世界的环境运动都面临着'发展主题'的强大限制，因而往往'进退两难'；NBA 这个蜚声国内外的环境团体的发展斗争过程中存在着许多问题——严重的'非政治化'、群众基础和社会力量支持有限、严重的'非组织化'"①。

（5）环境非政府组织与国家、跨国公司等其他行为体关系的研究。随着环境治理与环境保护问题的愈加重要与凸显，环境非政府组织成为全球非政府组织体系中的一个重要组成部分。环境非政府组织通过与国家、政府间组织以及跨国公司等行为体建立起各种各样的关系，提升了自身在全球环境治理与环境保护中的地位与作用。

赵黎青考察了环境非政府组织兴起的背景条件，分析了环境非政府组织的全球网络体系，在此基础上，他认为："环境非政府组织通过会议、论坛、参与缔结条约等机制与联合国建立了比较密切的联系，对联合国体系的工作产生着日益增大的影响。"② 霍淑红认为："随着全球化不断向纵深发展，世界相互依赖的程度日益加深。我们享受着全球化带来的好处的同时，也面临着全球性环境问题的困扰。作为全球经济主体的跨国公司既带来经济的繁荣，也带来了全球性环境问题。从某种意义上讲，全球性环境问题改变着国际关系的内容，影响着国际事务的发展。传统的以强制力为基础的国家权威在对待全球性环境问题时显得有些无力。非政府组织以其所拥有的权威，无形之中形成一种强大的约束力，它们和国家一道合作增强了对跨国公司的制约。"③ 张密生认为："共同的环保目标构建了政府和环境 NGO 的同盟关系，不同的特征决定了它们在环境保护中发挥着各自的作用。政府的特征决定了政府环境管理中的主体地位和在环境保护中的主导作用。环境 NGO 的特征决定了它是政府力量的补充"④，"政府和环境 NGO 之间是合作互助的关系，

① 张淑兰：《印度的环境非政府组织：以 NBA 为例》，载《唐都学刊》2007 年第 5 期，第 115—116 页。

② 赵黎青：《环境非政府组织与联合国体系》，载《现代国际关系》1998 年第 10 期，第 24—27 页。

③ 霍淑红：《环境非政府组织：跨国公司行为的制约者》，载《教学与研究》2004 年第 10 期，第 43 页。

④ 张密生：《论环境 NGO 与政府的协作关系》，载《环境与可持续发展》2008 年第 1 期，第 54 页。

这种关系是互动的、互补的和互相依存的"①，"政府与环境 NGO 的各自特征和合作互助关系，决定了它们的独立平等和相互监督关系"②。

郇庆治以自然之友为例探讨了中国环境非政府组织与政府的关系，他认为："二者之间的关系主要概括为政府支持型为主、政府中立型和政府抑制型为辅的'政府主导型格局'"，"影响二者关系格局变化的宏观因素有经济社会环境变化、环境非政府组织自身的阶段性变化和政治机会结构的变化等方面"③。刘贞晔认为："环境非政府组织的兴起一方面是对环境生态危机日益严重的反应，另一方面也是对传统的国际政治机制在遏制生态环境危机、解决环境问题上的失效所做出的反应。环境非政府组织广泛地参与了主权国家范围内、地区性以及全球性环境治理，其中，对联合国环境事务的参与所发挥的作用最为突出。环境非政府组织对联合国的参与具有提供环境信息和引入新议题、推动环境问题的国际公约的制定和监督实施等方面的重要政治作用。"④

除了上述期刊论文外，国内一些高校的硕士学位论文涉及环境非政府组织的研究。如：外交学院郭灿希的硕士论文《环境非政府组织和国际环境保护》（2004）以国际环境问题为切入点，来分析环境非政府组织在国际关系中的作用和影响。云南师范大学赵雪莉在其硕士论文《20 世纪 70 年代以来的国际环境非政府组织研究》（2008）中从历史学的视角，梳理了国际环境非政府组织的发展概况，分析了各个时段国际环境非政府组织的发展特点。中国政法大学卓君恒在其硕士论文《国际环境非政府组织在全球环境机制中的作用及其影响因素》（2010）中以全球环境机制理论为分析视角，分析了非政府组织在国家、国际组织主导的国际机制中是怎样发挥自身作用的。

从全球公民社会视角来研究环境非政府组织目前还没有专著性的成果，一些研究成果零散于全球环境治理的部分章节中。如王杰的《全球治理中的国际非政府组织》一书，在其第七章"国际非政府组织与全球环境

---

①　张密生：《论环境 NGO 与政府的协作关系》，载《环境与可持续发展》2008 年第 1 期，第 54 页。

②　同上。

③　郇庆治：《环境非政府组织与政府的关系：以自然之友为例》，载《江海学刊》2008 年第 2 期，第 130 页。

④　刘贞晔：《环境非政府组织对联合国的参与》，载《保定学院学报》2008 年第 3 期，第 41 页。

治理"中，部分地分析了环境非政府组织在全球环境治理中的地位、作用和发挥作用的方式。

（三） 对国内外研究现状的评述

通过以上的文献整理，我们可以发现随着对非政府组织和环境非政府组织的研究越来越多，研究的深度和角度也在不断增加，有社会学的，也有政治学、历史学的。非政府组织的研究既有对其概念的争论性研究，也有对其地位、功能、法律地位的研究，也涉及非政府组织的国际、国别的案例研究。总体来说，非政府组织已经日益成为研究的一个热点。关于非政府组织和环境非政府组织的研究成果也将会不断增加。国内外关于环境非政府组织的大量研究成果无疑给本书的研究提供了丰富的材料，但关于环境非政府组织的研究基本上是介绍性和描述性的，深入的理论研究较少，对具体案例的实证分析和研究也不多。对非政府组织和环境非政府组织在国际政治中的角色和作用的分析常常带有极端化倾向，要么过于乐观，要么过于悲观。本书尝试在已有研究成果的基础上，从全球公民社会的视角来研究环境非政府组织，力图对环境非政府组织在生态环境治理中的作用作一个客观公正的评判，探讨环境非政府组织发挥作用的动力机制，从而对环境非政府组织的健康发展提出自己的建议。

三 研究内容与主要思路

（一） 本书的基本内容

第一部分，导论。这一部分主要包括选题的提出以及理论与现实意义、有关这一主题的国内外研究现状述评、研究方法、研究思路与相关概念的界定。

第二部分，作为全球公民社会重要组成部分的环境非政府组织。包括环境非政府组织的兴起、发展历程与现实概况、环境非政府组织和全球公民社会的关系。首先，环境非政府组织的产生与发展有其历史、现实的原因，其发展经历了萌芽起步阶段、快速成长阶段和全球化发展阶段。当下环境非政府组织的发展呈现出组织类型多样化、数量及规模不断扩大化、活动领域广泛化的趋势。其次，环境非政府组织是全球公民社会的一个重要组成部分。全球公民社会的构成既有非政府组织，也有新社会运动、跨国倡议网络、世界社会论坛等。因此二者之间是部分与整体的关系，同时也是互动发展的关系。

第三部分，全球化背景下的环境非政府组织在环境治理中的基本作用。这也是本书的重点之一。在这一部分中对环境非政府组织在环境治理中的作用作了较为全面、客观的评价：一是充分发挥自身特点与优势进行环保活动，是环境治理的积极参与者；二是影响主权国家及政府间组织的环境政策制定，是环保政策与措施实施的有效监督者；三是促进国际环境立法的发展，是国际环境法创制的积极推动者；四是提升公众的环保意识，促进环境伦理的建立和发展，是环保理念的普及者；五是联络和保护环保人士，是环保人士的凝聚者和守卫者。

第四部分，全球公民社会对环境非政府组织发挥作用的正向促进。也就是全球化背景下环境非政府组织为何能够参与环境治理？动力来源是什么？这也是本书的重点之一。这主要体现为：全球公民社会建构的认同是环境非政府组织发挥作用的前提和基础；全球公民社会确立的规范是环境非政府组织发挥作用的关键；全球公民社会提供的信息是环境非政府组织发挥作用的保障。

第五部分，全球公民社会对环境非政府组织发挥作用的反向制约与对策。其中，全球公民社会对环境非政府组织的反向制约是本书的难点所在。全球公民社会自身的问题，以及与国家的关系、与市场或公司关系、与政府组织的关系等制约着全球公民社会作用的发挥，相对应的也对其组成部分的环境非政府组织作用的发挥产生了反向制约。这主要体现为：对环境非政府组织发展的影响；对环境非政府组织法律地位的影响；对环境非政府组织独立性与代表性的影响；对环境非政府组织协调能力与活动效率的影响。可以说，在全球化的背景下发展起来的全球公民社会对环境非政府组织在环境治理中发挥积极的作用有一个正向的促进，使环境非政府组织能够不断地发展与壮大。同时，全球公民社会的消极影响也对环境非政府组织的发展造成了阻碍。如何克服消极影响、发挥积极作用是环境非政府组织必须面对的问题，针对此问题，笔者提出了自己的建议与对策。

第六部分，案例分析部分。通过对中国的环境非政府组织——自然之友在环境治理中的作用的考察，来进一步印证上述对环境非政府组织作用的分析，从而也对中国的环境非政府组织的发展与其在环境治理中的作用发挥可资借鉴的东西。

（二）研究的主要思路

首先，通过对与本书相关的概念，如非政府组织、环境非政府组织、公民社会及全球公民社会等进行概念的界定，进而为更好地研究本书打下良好的基础。

其次，通过对环境非政府组织发展历程、特点及动因的梳理与分析，进一步全面认识环境非政府组织与全球公民社会的关系，在此基础上对全球化背景下的环境非政府组织在环境治理中的作用作较为客观和全面的阐述。

最后，在分析全球公民社会与环境非政府组织关系的基础上，对全球公民社会对环境非政府组织作用发挥的正向促进和反向制约作详细的分析，从而找出环境非政府组织能够参与环境治理的动因所在和全球公民社会消极因素对环境非政府组织的相关制约，然后通过相关的案例验证上述的分析，最后提出环境非政府组织提升自身的基本策略。这也是本书的最终目的和归宿。

四　本书的研究方法

结合本书的特点，本书在坚持马克思主义的辩证唯物主义和历史唯物主义方法论的基础上，主要采用以下几种研究方法：

（一）文本诠释法

文本诠释法是社会科学研究的基本方法之一。它在对非政府组织、环境非政府组织、公民社会及全球公民社会的概念界定、发展演变及相关影响因素的分析中尤为重要。对环境非政府组织相关理论观点及环境非政府组织与全球公民社会关系的阐释也需要文本诠释法。

（二）案例研究法

案例研究法是国际政治与国际关系研究中运用最普遍的方法之一。[①]环境非政府组织在环境治理中的作用究竟有哪些？如何发挥作用？有哪些不足？通过对几个比较有代表性的环境非政府组织的考察与研究，分析它们在环境治理中的基本作用，可以更加直接、明了地认知环境非政府组织的积极作用和不足。

（三）统计分析法

统计分析法实际上是一种实证分析方法。对环境非政府组织发展状况

---

① 李少军：《国际关系学研究方法》，中国社会科学出版社 2008 年版，第 99 页。

以及在环境治理中基本作用的考察等等，都需要运用大量的相关数据进行统计描述和统计推论。环境非政府组织的研究不仅是一个理论问题，更是一个实践问题。随着全球公民社会与环境非政府组织的发展，只有运用统计分析法才能更好地掌握其发展状况，才能实事求是地对环境非政府组织在环境治理与环境保护中的作用进行客观的研究和分析。

五　本书的创新及重难点

（一）本书的创新之处

第一，选题上的创新。从前面的研究综述可以看到，本书具有较为明显的创新性，是国内第一个尝试系统、全面论述环境非政府组织在环境治理中的作用的研究课题。第二，研究视角的创新。关于非政府组织和环境非政府组织的研究视角不可谓不多，有的从治理理论的视角，有的从国际机制理论的视角来研究非政府组织和环境非政府组织，而从全球公民社会的视角来研究环境非政府组织作用的专著，目前国内还没有。第三，研究方法的创新。目前的关于环境非政府组织作用的研究，大都是宏观的泛泛而论，缺乏深入的分析。本书拟采用文本诠释、案例研究、统计分析等多种研究方法，对环境非政府组织发展的现状，与其他行为体的关系进行深入的分析，在此基础上对环境非政府组织在生态治理中的积极作用和存在的问题及困境给出了自己的独立评判和思考。

（二）本书的重点、难点

重点：环境非政府组织在环境治理中的基本作用与全球公民社会对环境非政府组织发挥作用的正向促动。环境非政府组织存在的合法性基础就在于其作用的发挥，环境非政府组织究竟在环境治理中发挥了哪些作用是一个值得深入分析和研究的课题。全球公民社会对环境非政府组织发挥作用的正向促动，体现为全球公民社会所获得认同、制度规范以及信息优势对环境非政府组织作用发挥产生了正向的积极促动。因为，全球化的发展促成了全球公民社会的形成与发展，全球公民社会已经成为当今国际体系中的一支重要影响力量。这一部分主要是解释在全球化背景下环境非政府组织为何能够参与环境治理，动力来源是什么。

难点：由于当前对全球公民社会的研究更多的是对其积极方面的认识，缺少对其负面性的分析，因此对全球公民社会对环境非政府组织作用发挥的消极影响究竟到什么程度的考察与分析带来很大的难度。另外，由于条件的限制，也对一些环境非政府组织个案的考察与分析带来很大的困难。

六 相关概念的界定

（一）环境非政府组织

我们要了解和把握环境非政府组织（Environmental non – governmental organizations，ENGOs）在环境治理中的作用，首先就需要对环境非政府组织的概念作一个清晰的界定。但对环境非政府组织进行概念的界定有一个重要的前提，那就是必须对非政府组织（NGO）的概念作一个明确的界定。因为环境非政府组织作为非政府组织中的一个类别，没有准确的非政府组织的概念界定就很难有准确的环境非政府组织的概念界定。

非政府组织的产生与发展是当代世界政治中的一个重要特征。作为一种新兴的组织形式和社会行为体其产生的历史比非政府组织这一术语出现的时间要长。国际红十字会（International Committee of the Red Cross，ICRC）、牛津赈灾会（Oxfam）、原牛津饥荒救济委员会（Oxford Committee for Famine Relief）、拯救儿童基金（Save the Children Fund）都是成立较早的非政府组织，其历史可以追溯到数百年前。但非政府组织这一术语始于1945年联合国成立，在《联合国宪章》第71条款第10章中提出。当然，非政府组织也已不是什么新鲜词汇了，很多理论著作和相关文章都在频繁地使用。也许人们在内心里都明白这个词的意思和大致的指向目标，但要确切地给它下一个定义却是一件非常难的事情，甚至在不同的国家也有不同的称谓。比如，"第三部门"、"公民社会组织"、"非营利组织"、"志愿者组织"、"独立部门"、"民间组织"等等。① 笔者通过对国内外非政府组织研究资料的收集整理发现，非政府组织的研究资料可谓相当丰富，但在当今中外学术界对非政府组织仍然缺乏一个统一而又权威的界定。

在传统意识中，人们往往把社会划分为国家（或政府部门）和市场两个大的类别，并没有意识到在国家与市场之外还有"第三部门"的存在。② 与此相对应，人们也把社会组织分为两个大类，非私即公，非公即私。随着非政府组织的不断发展壮大，人们对非政府组织概念的探讨也日趋丰

① 邓国胜：《非营利组织评估》，社会科学文献出版社2001年版，第1页。

② 王杰、张海滨、张志洲主编：《全球治理中的国际非政府组织》，北京大学出版社2004年版，第10页。

富。1952 年联合国经济社会理事会在其 288（x）号决议中将非政府组织定义为"凡不是根据政府协议建立的国际组织都可被看作非政府组织"①。1968 年联合国经济社会理事会 1296 号决议再一次重申了这一定义。②尽管这一定义相对比较模糊、简单，但提出了非政府组织的两个显著特点：非政府性和独立自治性。世界银行将非政府组织定义为"从事解困、环境保护、提供基础社会服务或进行社区发展的民间（私人）组织"③。这一定义更为宽泛，但明确指出了非政府组织的价值取向和两个基本原则，即利他主义和自愿主义原则。④美国非政府组织研究知名学者杰勒德·克拉克（Gerard Clark）认为，"非政府组织（NGO）是私人的、非营利的职业组织，有着独特的法律特点，关注公众福利目标。在发展中国家，非政府组织包括慈善基金会、学术智囊团、教会发展机构和其他致力于人权、环境保护、社会、农业福利等问题研究的组织。其他如私人医院、宗教团体、私利学校、体育俱乐部以及半自主的非政府组织（QUANGOs）除外"⑤。而著名的非政府组织（NGO）研究专家、美国约翰·霍普金斯大学（Johns Hopkins University）教授莱斯特·M. 萨拉蒙（Lester M. Salamon）则从五个方面的属性来界定非营利组织的概念。他认为，"近年来，随着'全球结社革命'的出现与发展，存在于市场与国家之外的大范围的社会机构正发挥着越来越重要的作用，这些实体有这样一些共同的特征：①组织性，即这些机构都有一定的制度和结构；②私有性，即这些机构都在制度上与国家相分离；③非营利性，即这些机构都不向它们的经营者或'所有者'提供利润；④自治性，即这些机构都基本上是独立处理各自的事务；⑤自愿性，即这些机构的成员不是

① 王杰、张海滨、张志洲主编：《全球治理中的国际非政府组织》，北京大学出版社 2004 年版，第 12 页。

② UN ECOSOC Resolution 1296（XLIV），para. 7. The full text of the resolution, see "*The Conscience of the world: The Influence of Non – Governmental Organizations in the UN System*", Edited by Peter Willetts（London: Hurst & Company, 1996）, Appendix B.

③ 丁金光：《国际环境外交》，中国社会科学出版社 2007 年版，第 84 页。

④ World Bank Website, "*Nongovernmental Organizations and Civil Society/Overview*", URL = http://www.wbln0018.worldbank.org/essd.nsf/NGOs/home.

⑤ ［美］杰勒德·克拉克：《发展中国家的非政府组织与政治》，载何增科主编《公民社会与第三部门》，社会科学文献出版社 2000 年版，第 363 页。

法律要求而组成的，这些机构接受一定程度的时间和资金的自愿捐献"①。莱斯特·M.萨拉蒙根据这五个属性把杰勒德·克拉克排除于非政府组织概念之外的那些组织纳入到非政府组织的范围。

我国学者徐崇温教授以美国、加拿大的非政府组织研究为参照，认为，"非政府组织（NGO）是指在政府部门和以营利为目的的企业（即市场部门）之外的、以非营利为目的、从事公益事业的一切志愿团体、社会组织或民间协会。这里所说的非营利目的，包括宗教、慈善、科学、公共安全实验、文学、教育、促进国家或国际间业余体育竞赛和防止虐待儿童或动物等"②。王名教授则认为，"非政府组织是指不以营利为目的、主要开展各种志愿性的公益或互益活动的非政府的社会组织，其基本属性包括三个方面：非营利性、非政府性、志愿公益性或互益性。"③陈晓春等则将非政府组织界定为"不以获取利润为目的，为社会公益服务的，提供准公共产品的独立部门"④。王逸舟教授认为："非政府组织（NGO）一般来说是非官方的、非营利的组织或机构，它们与政府部门和纯商业组织通常保持一定距离，多半有自己的兴趣或专业，有相对独立的利益和主张，往往围绕特定的领域或问题结成团体"⑤。

通过上面的分析我们可以发现：尽管对非政府组织的理解各有不同，概念界定也是各不一样，但对非政府组织的核心特征的认同还是基本一致的。那就是非政府组织应具有这样六个基本特征：非政府性，非营利性，社会公益性，志愿性，自治性与合法性。

其实，由于学者们对非政府组织性质与地位的不同评判与定位而导致对非政府组织概念的意见分歧本身也不是一个对与错的问题，甚至也不是一个是否严谨、科学的问题。另外，非政府组织的概念本身也在发生改变，特别是随着非政府组织数量、种类与规模的迅速增加使非政府组织的

---

① ［美］莱斯特·M.萨拉蒙等：《全球公民社会——非营利部门视界》，贾西津、魏玉等译，社会科学文献出版社2007年版，第3页。

② 徐崇温：《非营利组织的界定、历史和理论》，载《中国党政干部论坛》2006年第5期，第47页。

③ 王名：《非营利组织管理概论》，中国人民大学出版社2002年版，第2页。

④ 陈晓春、张彪：《非营利组织准公共产品初论》，载《长沙民政职业技术学院学报》2003年第3期，第9页。

⑤ 王逸舟：《全球政治和中国外交——探寻新的视角与解释》，世界知识出版社2003年版，第89页。

外延更加宽广，这种变化也是造成非政府组织概念界定产生分歧的重要原因之一。

在分析和把握中外学者对非政府组织概念界定的基础上，结合自己的研究对象，本书所指的非政府组织是指独立于国家与市场之外，活动在国际、国家（地区）等各个层面，具有组织性、非营利性、志愿性、自治性和合法性等特征的社会（民间）组织。

对非政府组织的概念有了一个界定后，我们对环境非政府组织概念的界定就相对容易多了。环境非政府组织产生的时间要比非政府组织产生的时间晚得多。其实在很多非政府组织的宗旨中都包含有环境保护的取向。20 世纪 60 年代随着地球环境的不断恶化，环境问题日益突出，成为全世界关注的焦点。环境问题的加剧催生了非政府组织中的一个新类型的出现——环境非政府组织（Environmental non - governmental organizations, ENGOs）。环境非政府组织是非政府组织的一个重要组成部分，也必然具有非政府组织所具有的相关特点，但同时也具有自身的特征。那么究竟什么是环境非政府组织呢？笔者认为环境非政府组织就是独立于国家与市场之外，以环境治理与保护为宗旨，活动于国际、国家（地区）等各个层面上的，具有组织性、非营利性、志愿性、自治性和合法性等特征的社会（民间）组织。

（二）公民社会

公民社会（Civil Society）一词来源于拉丁文 Civilis Societas，也被译为市民社会或民间社会。公民社会在政治学和社会学中是一个含义十分模糊、使用也很混乱的概念。究其原因在于公民社会思想历史发展的脉络十分庞杂、主要学者相关论述之矛盾，也在于后来论者使用此概念时依据自身之语境而各取所需①。尽管如此，仍然有很多学者还是尝试从公民社会

---

① 有学者指出，公民社会包含了 6 方面的含义，即：（1）价值规范；（2）指代各种集团的集合名词；（3）社会集团开展活动的领域和空间；（4）历史的时间和瞬间；（5）反霸权、抗霸权；（6）反国家、抗国家。参见 Alison Van Rooy, "Civil Society as an Idea: An Analytical Hatstand?" in Alison Rooy, ed. , *Civil Society and Aid Industry* (London: Earthscan, 1998), pp. 6 – 27, 转引自［日］远藤贡《"市民社会"论——全球适用的可能性与问题》，《国际问题》2000 年 10 月号，No. 487，第 7 页。

的概念演化的历史入手，试图寻找到一条理解的线索①。

1. 公民社会概念的传统阐释

公民社会起源于欧洲的政治哲学传统，最早可追溯到古希腊罗马时期。古希腊著名学者亚里士多德在其著作《政治学》一书中就使用了"公民社会"一词，用它来代指公民的共同体——城邦。亚里士多德认为，城邦"是一个公民集团，这一集团为能够维持自给生活而具有一定的人数"②，城邦中"由全体公民行使主权"③。他还认为，"城邦的设立是为了完善某些善业"④。可见，亚里士多德所理解公民社会既是一种政治社会，也是一种文明社会，反映了当时古希腊的社会政治状况。西塞罗（Cicero）认为，"公民社会既指一个国家，同时也指发达到出现城市的文明政治共同体的生活状况。共同体有法典和礼仪并具有了一定的城市特征，法律是调整公民关系的基本准则，同时共同体也具有'城市生活'和'商业艺术'的优雅情致。"⑤ 由此可见，西塞罗所界定的公民社会不但是一个国家，更有法治社会和文明社会的指向，这比以亚里士多德为代表的古希腊公民社会理论又发展了一大步。

2. 公民社会概念的近现代解读

到 17、18 世纪，在思想家们对正在崛起的民族国家予以思考的过程中，公民社会这一概念开始受到更多的重视。⑥ 霍布斯、洛克以政治社会——自然状态的两分中来界定公民社会。他们认为，公民社会应是人们

---

① 对公民社会概念的历史考察在相当大程度上利用了以下学者对公民社会的研究成果：Helmurt Anheier, Marlies Glasius, and Mary Kaldor, *Introducing Global Civil Society*, in Helmut Anheier et al. eds. , *Global Civil Society* 2001（Oxford：Oxford University Press, 2001）, pp. 3 - 21；Paul Wapner, *The Normative Promise of Nonstate Actors：A Theoretical Account of Global Civil Society*, in Wapner et al. , *Principled World Politics*, pp. 261 - 274；Jean Cohen and Andrew Arato, *Civil Society and Political Theory*（Cambridge, MA：MIT Press, 1992）.

② ［希腊］亚里士多德：《政治学》，吴寿彭译，商务印书馆 1965 年版，第 113 页。

③ 同上。

④ 同上。

⑤ ［英］戴维·米勒、韦农·波格丹诺、邓正来主编：《布莱克维尔政治学百科全书》（修订版），中国政法大学出版社 2002 年版，第 132 页。

⑥ 王杰、张海滨、张志洲主编：《全球治理中的国际非政府组织》，北京大学出版社 2004 年版，第 99 页。

摆脱了自然状态的限制，通过订立人们共同认同的社会契约建立国家后所进入的一种政治社会状态。霍布斯认为，自然状态是"每个人对每个人的赤裸裸的战争状态"①，生活在自然状态下的人们是没有安全感的，公民社会则可以保证人们的人身安全。洛克则认为"自然状态"不是霍布斯所理解的"人与人的战争状态"，而是"一种平等、自由的状态"②，但自然状态的主要缺陷是缺乏法制。因此，他认为公民社会可以很好地解决这一问题，因为公民社会里可以依据法律实现对专制权力的限制，从而保证公民所享有的自由权和财产权等权利不受侵害③。

苏格兰启蒙思想家亚当·弗格森（Adam Ferguson）则将资本主义作为新个人主义和权利社会的基础。他把物质文明（或商业文明）引入公民社会概念的界定，从而使公民社会概念具有了经济内涵。受他的影响，从18世纪开始，公民社会研究中把政治统治等同于公民社会的观念开始被逐渐打破④。黑格尔就是其中的理论先驱⑤。黑格尔对公民社会（市民社会）的主要论述集中在《法哲学原理》和《精神哲学》两部著作中。黑格尔认为，公民社会是"处在国家和家庭之间的差别的阶段"⑥，是"各个成员作为独立的个体的联合"⑦。它通过法律来保障人们的财产与人身权利。可见，黑格尔把公民社会作为一个中间地带，是一个伦理生活领域。这一领域实现了与国家的分离，包括经济、社会阶层、同业协会以及执行民法并关注"社会福利"的相关机构⑧。黑格尔的公民社会概念尽管也有自身的

---

① ［英］霍布斯：《利维坦》，黎思复、黎廷弼译，商务印书馆1985年版，第94页。

② ［英］洛克：《政府论》下篇，叶启芳、瞿菊农译，商务印书馆1965年版，第5页。

③ 同上。

④ 王杰、张海滨、张志洲主编：《全球治理中的国际非政府组织》，北京大学出版社2004年版，第100页。

⑤ 黑格尔的公民社会思想被认为是受到了弗格森的影响，参见爱德华·希尔斯《市民社会的美德》，转引自邓正来主编《国家与市民社会——一种社会理论的研究路径》，中央编译出版社1999年版，第35页。

⑥ ［德］黑格尔：《法哲学原理》，范扬、张企泰译，商务印书馆1961年版，第197页。

⑦ 同上。

⑧ ［英］约翰·基恩：《市民社会与国家权利形态》，转引自邓正来主编《国家与市民社会——一种社会理论的研究路径》，中央编译出版社1999年版，第114—116页。

缺陷与不足，但却实现了公民社会理论发展的一个历史转折。

19 世纪美国政治家与思想家阿历克西·德·托克维尔（Alexis De Tocqueville）也对公民社会理论做出了突出的贡献。托克维尔认为，民主国家对公民社会是必要的，它可以实现公民社会无法保证的公共利益，但民主国家在没有自由作保证的情况下也会出现"多数人的暴政"，因此，为各种目的而自愿结社的社团或组织是人们反对民主国家出现"多数人暴政"的重要保障①。托克维尔的这一思想直到今天仍然为公民社会研究者们所重视，其倡导的自愿结社精神，也成为公民社会概念的一个重要方面。

意大利共产党领袖、马克思主义理论家安东尼奥·葛兰西（Antonio Gramsci）不再像马克思那样仅仅把公民社会看作是资产阶级的代名词，而是看作各种各样的社会互动。他开创了从文化视角来界定公民社会概念的路径，将公民社会的概念从经济互动中分离出来，作为一个相对独立于物质条件的领域来探讨。②他将公民社会重新界定为"制定和传播意识形态特别是统治阶级意识形态的各种私人的民间的机构，包括教会、学校、新闻舆论机关文化学术团体、工会、政党等"③。葛兰西的公民社会研究是与当时意大利共产党的境况有着直接联系的，因此这也决定了他对公民社会的探讨经常是发生变化的，概念也是相对模糊甚至是前后矛盾的④。但他的公民社会概念是国家与市场之间第三部门思想的开端。

3. 公民社会概念的当代再阐释

20 世纪 80 年代以来，随着全球化的不断发展以及世界各地的新社会运动的推动，公民社会理论现在又重新流行起来。公民社会理论发展成为当代世界社会政治思想中的重要一支，新马克思主义理论家、新保守主义和新自由主义学者也都争相投入到公民社会理论的研究中。由此而来的重要后果便是出现了各种各样的公民社会概念。尤尔根·哈贝马斯将"公共

---

① ［美］托克维尔：《论美国的民主》上卷，董果良译，商务印书馆 1993 年版，第 216—217 页。

② Helmut Anheier et al. , "Introducing Global Civil Society", p. 13.

③ 周国文：《"公民社会"概念溯源及研究述评》，载《哲学动态》2006 年第 3 期，第 62 页。

④ See Robert W. Cox, "Civil Society at the Millennium: Prospects for an Alternative World Order", Review of International Studies, Vol. 25 (1999), pp. 3 - 28；葛兰西的主要著作，参见葛兰西《狱中札记》，曹雷雨等译，中国社会科学出版社 2000 年版。

领域"（Public domain）、"交往行为"（Communicative Action）以及"生活世界"（Living World）等概念引入公民社会研究，以全新的视角拓展了公民社会的内涵。哈贝马斯认为，公民社会是独立于国家，与公共权力相分离的私人自治领域，这一领域又具体划分为经济的私人领域与社会文化生活的公共领域。其中，公共领域充当着调节国家与社会关系的缓冲器的角色。正如哈耶克所说："公民社会是由自发出现的组织、运动与社团所组成，它们关注社会问题在私人领域的反应，将这些反应放大并集中和传达到公共领域。公民社会的关键就是社团网络的形成，这一社团网络可以对公共领域中人们普遍关注与感兴趣的问题形成一种解决问题的话语机制。"① 美国学者 G. A. 柯亨（Gerald Allan Jerry Cohen）和安德鲁·阿拉托（Andrew Aroto）在哈贝马斯公民社会（Civil Society）概念的基础上又对公民社会概念进行了再一次界定。他们认为，公民社会是"介于国家与经济之间的一个社会交往领域，由各种公共交往形式如家庭、志愿性社团、社会运动等所组成。它是通过自我动员和自我建构的方式创造出来的。"②

通过上述对公民社会概念的梳理，我们再一次验证了学者们在公民社会的定义上的意见不一。它可以是一种分析手段，也可以是一种策略工具，还可以是各种社团的总称。目前对公民社会比较普遍的看法是将其作为一个独立于国家与市场之外的结社和行动的领域，是国家与市场之外的所有民间关系和民间组织的总和。

（三）全球公民社会

全球公民社会（Global Civil Society）也被翻译为"全球市民社会"、"世界公民社会"、"全球民间社会"或"跨国公民社会"，作为一种独立的社会与政治空间，它是人类自身反思与社会运动交互推动的产物③。全球公民社会是公民社会在全球化的背景下在全球层面的发展与演进。公民社会概念的复杂性、模糊性与争议性决定了全球公民社会的概念也必然是带

---

① Jurgen Habermas, *Between Facts and Norm*, Cambridge：Polity Press，1996，p. 367.

② Jean Cohenand Andrew Aroto, *Civil Society and Political Theory*, Cambridge：The MIT Press. 1992. p. ix.

③ 刘贞晔：《国际政治视野中的全球市民社会——概念、特征和主要活动内容》，载《欧洲》2002 年第 5 期，第 49 页。

有复杂性、模糊性和争议性的。① 目前国际学术界对全球公民社会的概念的界定仍然是比较模糊并存在激烈争论，还没有形成为各方所普遍接受的全球公民社会概念。

莱斯特·萨拉蒙对全球公民社会中的非营利部门进行了细致而又全面的研究，但他并没有给全球公民社会的概念进行界定，他将全球公民社会理解为一场"全球结社革命"。他说，"事实上，真正的'全球结社革命'已经出现，在世界的每个角落都呈现出大量的有组织的私人活动和自愿活动的高潮"②。伦敦经济学院非政府组织研究专家安海尔（Helmut Anheier）教授认为，全球公民社会是"存在于家庭、国家和市场之间，在超越于国家的社会、政治和经济限制之外运作的思想、价值、制度、组织、网络和个人的领域。"③ 英国学者约翰·基恩（John Keane）则对全球公民社会给出了不同的界定。他认为："全球公民社会是一个庞大的、相互联系的多层次的社会空间，这空间包括无数自主的或者非政府的制度与生活方式"，"社会空间中的活动主体虽然种类多样，性质复杂，包括各种组织、社会运动、公共事业联合体、语言社区等，但这些活动主体可以跨越时间与空间的障碍，有意识地组织起来，在政府结构之外开展它们的社会、政治和商业活动。"④

近年来，中国学者也对全球公民社会进行了相关的研究，对其概念也作了尝试性的界定。刘贞晔认为，"全球市民社会是指存在于国家和市场之间，在国家之上和之外运作但又与国家互动互补的非政府的网络和领

---

① 王杰、张海滨、张志洲主编：《全球治理中的国际非政府组织》，北京大学出版社 2004 年版，第 107 页。

② ［美］莱斯特·M. 萨拉蒙等：《全球公民社会——非营利部门视界》，社会科学文献出版社 2007 年版，第 4 页。

③ Helmut Anheier et al.，*Global Civil Society* 2001，New York：Oxford University Press，2001，P. 17. 转引自刘贞晔《国际政治视野中的全球市民社会——概念、特征和主要活动内容》，载《欧洲》2002 年第 5 期，第 54 页。刘贞晔在这篇文章中指出，安海尔等人认为其关于全球公民社会的定义是"纯粹性的"、"完全规范性的"，这二者之间似乎有矛盾。事实上，安海尔等人为了避免引起不必要的争论，所以尽管认为全球公民社会最终是一个规范性的概念，但他们所给出的定义却是一个"纯粹描述性的"，这一点我们从其定义中也可以看出。但即便对于这一概念，由于将市场排除在公民社会之外，基恩仍然认为其过于浪漫，不符合现实情况。

④ John Keane，*Global Civil Society*?，London：Cambridge University Press，2003，pp. 23 – 24.

域，其中追求公共目标的各种非政府组织和社会运动及其所表达的全球意识和全球价值取向是全球市民社会的核心内容和思想灵魂"①。何增科认为，"所谓全球公民社会是指公民们为了个人或集体的目的而在国家和市场活动范围之外进行跨国结社或活动的社会领域，它包括国际非政府组织和非政府组织联盟、全球公民网络、跨国社会运动、全球公共领域等"②。

尽管各个学者对全球公民社会概念的理解多有歧义，但基本的共识与蕴涵还是明确的。他们基本都把全球公民社会理解为一个相对独立国家而又跨越边界的领域或空间，各种追求自身价值目标的非政府组织是这一领域或空间活动的主要行为体。③ 可以说，全球公民社会日益摆脱了国家中心的痕迹。鉴于前面对全球公民社会概念的梳理与分析，并结合本书的特定研究对象，对全球公民社会的概念做这样的界定：全球公民社会是指存在于国家与市场之外的，人们为了个人或社会的公共价值目标进行结社或活动的网络和领域，它包括跨国性的结社和网络，也包括具有全球价值取向和全球意识的国内结社或活动。④

---

① 刘贞晔：《国际政治视野中的全球市民社会——概念、特征和主要活动内容》，载《欧洲》2002 年第 5 期，第 55 页。

② 何增科：《全球公民社会引论》，载《马克思主义与现实》2002 年第 3 期，第 31—32 页。

③ 王杰、张海滨、张志洲主编：《全球治理中的国际非政府组织》，北京大学出版社 2004 年版，第 108 页。

④ 关于全球公民社会的概念界定，在对前面文章的梳理与分析中笔者也曾提到目前还没有一个取得一致并得到公认的概念。笔者在这里对全球公民社会作这样的一个界定，一方面是为尽量避免学术界关于全球公民概念的一些难以厘清的争论，另一方面也是对全球公民社会的内涵作一些发展。国内外的全球公民社会研究学者都把全球公民社会看作是一个具有跨国性和全球性的非国家与非市场的领域，基本把国内的结社或活动领域与网络排除在全球公民社会的范畴之外。"跨国性"和"全球性"是全球公民社会的基本特征，但追求公共价值特别是全球价值取向和全球意识的表达是全球公民社会的核心与灵魂。因此，笔者认为全球公民社会不能仅仅把跨国性的结社和网络作为全球公民社会的基本范畴，具有全球意识与全球价值取向的国内结社和网络也应纳入全球公民社会的范畴之中。比如，国内环境非政府组织是因环境问题而产生，环境问题是一个全球性的复杂问题。除了国际环境非政府组织外，国内环境非政府组织所倡导的环境保护理念与环境保护路径一般也符合全球环保的公共价值取向，因而也是全球公民社会的基本组成部分。

第一章
作为全球公民社会重要组成部分
的环境非政府组织

　　当今世界，全球化在不断地深入发展，特别是新世纪以来，全球化可以说已经深入到世界的各个角落，涉及人类社会生活的几乎每一个方面，其对人们及世界的影响力更是与日俱增。全球化的发展给人们带来一个逐渐显现的"全球公民社会"，因此，我们可以说，新世纪人们生活其中的世界已经成为一个处于全球化浪潮中的"全球公民社会"。全球公民社会兴起已经成为一个不争的事实。英国伦敦经济学院全球治理研究中心（United Kingdom London School of Economics Center for Global Governance）对全球公民社会的兴起作了这样的描述："20世纪90年代至今不断上升的国际非政府组织、非政府组织或非营利部门不仅参与到全球议事议程，关注全球环境、疾病、人权、战争与和平等全球性问题，而且这些组织间的联系及网络化正在全球化所'浓缩的时空'里加强和变'厚'。"① 在日益兴起和发展壮大的全球公民社会中，环境非政府组织是其中的一个重要组成部分。当然除了环境非政府组织之外，全球公民社会还包括其他组成部分，如国际非政府组织、草根组织、国际运动组织、人权组织、劳工组织、公民运动、非正式网络等等。

　　作为全球公民社会重要组成部分的环境非政府组织在与全球公民社会的互动中积极发挥着全球环境治理与保护的作用。我们在探讨环境非政府组织在环境治理与保护中发挥了哪些作用、如何发挥作用以及如何能够发挥作用之前，我们有必要对环境非政府组织的发展历程以及全球公民社会与环境非政府组织的关系作一个清晰而又明确的认识。

---

　　①　Helmut Anheier, Marlies Glasius and Mary Kaldor (eds.), *Global Civil Society Yearbook* 2001, London: Oxford University Press, 2001, pp. 4 –7.

一 环境非政府组织的兴起、发展历程与现实概况

环境非政府组织在全球环境治理与保护中的作用日益突出，影响日趋壮大。它与国家、国际组织等国际政治行为体一起成为全球环境治理与保护的主要力量，这也是当今全球环境治理中最为亮丽的一道风景。下面我们就对环境非政府组织的兴起、发展历程及其产生与发展的原因作一个系统的分析，同时也对环境非政府组织在世界各地发展的特点及趋势作一个系统的总结与评估。

（一）环境非政府组织的发展历程

环境非政府组织的起步与发展要远远落后于非政府组织的形成与发展。早在公元 1 世纪初罗马帝国统治下的巴勒斯坦地区就已经出现了一些城市社团组织，这也被称为最早的非政府组织的雏形。工业革命的发展与财富的增加极大地促进了非政府组织的发展，这主要体现在社会慈善组织对教育、公共健康等社会问题的关注上。随着工业化的推进，传统的乡村自然模式也逐渐被破坏殆尽，引起一些崇尚自然环境保护者的忧虑，专门保护生态环境的环境非政府组织由此产生。当今世界各国，无论是发达国家还是发展中国家，都有大量的环境非政府组织的存在。许多重大的环境保护工作和运动都有环境非政府组织的积极倡议和参与，它们在环境治理与保护中的作用和影响越来越大。可以说，环境非政府组织的发展与壮大已经成为世界环境治理与保护中一支不可或缺的重要力量。环境非政府组织的发展历程经历了萌芽起步、逐渐成长和全球化发展三个重要的时期。

1. 环境非政府组织的萌芽与起步时期：20 世纪 50 年代以前

在全球环境问题迅速恶化并被全球公众认识到之前，环境非政府组织产生与发展的空间是十分狭小的。在今天看来，环境非政府组织已经不是一个新鲜词汇，它已成为一个为各方所熟知的社会组织。但在 20 世纪 50 年代之前，环境非政府组织无论是在数量上还是在作用发挥上是很少为政府或民众所注意的，所以我们把这一时期称为环境非政府组织的萌芽与起步阶段。

英国是最早进行工业革命和实现现代化的国家。由工业化所带来的工业污染使得英国的环境遭到极大的破坏。加上当时的英国政府对环境问题采取放任主义的态度，对环境问题漠不关心使得英国的环境问题极度恶化，在这一背景下，英国早期的环境非政府组织应运而生。1865 年成立的

开放空间和共同道路保护社团（the Open Spaces and Common Footpaths Preservation Society, OSFPS）是英国历史上有史料记载的最早的环境非政府组织，也是世界上最早的环保民间组织①。空间和共同道路保护社团成立之初的宗旨就是要避免城市化和工业化所造成的污染波及英国的乡村，因而这一组织对乡村环境保护表示了极大的关注。与空间和共同道路保护社团宗旨类似的环境非政府组织还有 1895 年成立的国家信托社（National Trust for Places of Historic Interest and National Beauty）、1926 年成立的英格兰农村保护委员会（Council for the Preservation of Rural England, CPRE）和 1935 年成立的漫步者协会（Ramblers Association, RA）等等社会团体。除此之外，还有 1867 年成立的世界上第一个野生动物保护组织——东区保护海鸟协会（Eastern Association for the Protection of Seabirds, EAPS），1889 年成立的鸟类保护协会（Association for the Protection of Birds, APB）。"二战"② 期间，英国又涌现了一大批环境非政府组织，它们的活动范围更为广泛。如 1912 年建立的自然保护区促进协会（Association for Nature），20 世纪 20 年代先后成立的保护名胜古迹协会（Association for Protection of Monuments）和河流保护中央理事会（Central Council of River Protection）等。

19 世纪末期，另一个工业化国家——美国也出现了一些致力于荒地和野生动物保护或恢复的环境非政府组织。从 19 世纪末到 20 世纪上半叶，美国先后有 6 个全国性的环境非政府组织成立或组建，它们分别是 1876 年的阿巴拉契亚山脉俱乐部（Appalachian Mountain Club, AMC），1885 年的布恩和克罗基特俱乐部（Boone and Crockett Club, BCC），1892 年成立的塞拉俱乐部（Sierra Club），1905 年的奥多邦协会（Aoduo Bang Society, AS），1922 年的伊扎克 - 沃尔顿联盟（Izaak Walton League, IWL），1935 年的荒野协会（Wilderness Society, WS）。③

当然，在这一时期，除了英国和美国这两个工业化较早的国家之外，还有一些国家也陆续出现了一些环境非政府组织，如澳大利亚的野生物种

---

① 李峰：《试论英国的环境非政府组织》，载《学术论坛》2003 年第 6 期，第 48 页。

② "二战"是指第二次世界大战，本书中的"二战"都是此意。

③ ［英］克里斯托弗·卢茨主编：《西方环境运动：地方、国家和全球向度》，徐凯译，山东大学出版社 2005 年版，第 115—116 页。

保护协会（Wildlife Conservation Society）（1909 年在悉尼成立）①。

2. 环境非政府组织的逐渐成长时期：20 世纪 50 年代至 80 年代

早期的环境非政府组织更多是对自然资源保护和自然状态的关注。随着相关政策的制定和实施，生态破坏得到了一定程度的遏制。但随着工业化程度的提高，人类对自然资源需求剧增，由此也带来了大量的环境污染公共事件。在人类环境危机意识的增强和自我保护的需要背景下，新的环境非政府组织开始大量出现。到 20 世纪 60 年代末期，英国的环境非政府组织已经形成了联系紧密的网络化分布格局。环境非政府组织的数量和参与人数都在迅速增加。20 世纪 50 年代末的时候，英国全国才有 200 多个社区建立了环境民间团体，到 20 世纪 70 年代中期的时候则增加了 6 倍。② 国家信托社（National Trust for Places of Historic Interest and National Beauty）在 1967—1980 年这段时间内，参加人数由最初的 15.9 万增加到 1000 万，鸟类保护协会（APB）的成员由 3.8 万人增加到 30 万人，漫步者协会（RA）的参加者由 1.6 万人增加到 3.2 万人，自然保护区促进协会（Association for Nature）则由原来的 2.9 万人增加到 12.9 万人。③ 数量与参与人数的增加并没有使环境非政府组织受地域意识的限制，反而进一步去除了地方观念，开始加强环境非政府组织的国际联合意识，推动其涉及更广泛的范围和领域。如 1960 年组建了防止海岸污染联盟（Coalition to Prevent Coastal Pollution），1966 年成立的环境保护协会（Environmental Protection Association），1970 年组建的国际地球之友（Friends of the Earth International，FOEI）英国分部、绿色和平组织（Greenpeace）英国支部，1973 年成立的社会主义者环境和资源保护协会（Socialist Environment and Resource Association，SERA）等等。④

1962 年，美国学者雷切尔·卡森（Rachel Carson）经过 4 年多的调查与研究出版了《寂静的春天》（Silent Spring）。她在书中以准确的科学依据和大量的事实向人们讲述了 DDT 等杀虫剂对生态环境的破坏及对人类健康的危害，激烈抨击了人类统治自然的发展方式和发展理念。这本书的出版推动了人们对环境议题的重视和关切。到 20 世纪 60 年代，环境抗议活动

① Lorraine Elliott, *The Global Politics ofthe Environment*, London：Macmillan Press Ltd，1998，pp. 132 – 135.

② 肖晓春：《法治视野中的民间环保组织研究》，博士学位论文，湖南大学，2007 年，第 16 页。

③ 李峰：《试论英国的环境非政府组织》，载《学术论坛》2003 年第 6 期，第 48 页。

④ 同上。

开始在美国的各个大学、地方社区和一些大中城市中兴起。① 人们对环境保护的关切促成了美国当代环境保护运动和环境非政府组织的三次高潮②，美国的环境非政府组织纷纷成立，全国性的环境非政府组织数量大为增加——由 20 世纪 50 年代的 5 个增加到 60 年代的 26 个，再到 70 年代的 48 个，80 年代则达到 100 多个。③ 全国性环境非政府组织的规模也是比较庞大，成员人数在 5000 人以上的有 13 个，成员人数在 1 万人以上的有 9 个，有的组织成员达到了 30 多万人。④ 除了全国性的环境非政府组织以外，美国还有数量较多的地方性常设环境非政府组织和国际环境非政府组织在美国设立的办事机构或分部。另外，为了一些暂时性环境问题而设立的临时性环境非政府组织更是数不胜数。

和其他工业化国家一样，随着环境问题的日趋严重，德国和日本这两个后发的工业化国家也涌现出了一批环境非政府组织。20 世纪 50 年代开始，德国各地相继出现了一批旨在保护地方自然资源和生态环境的地方性环境非政府组织。随着环境运动的发展，全国性的环境非政府组织也相继成立和发展，如德国自然保护协会（Nature Conservancy）、德国鸟类保护协会⑤（Birds Protection Association）。20 世纪 70 年代末期德国的一些环保主义者与和平主义者联合组建了名为"绿色"（Die Grünen）的环境组织，旨在反对环境污染、核能的过分利用以及其他各种过度的工业化行为。随着德国民众环保意识的增强，政府也日益认识到环境问题的重要性，环境

---

① ［英］克里斯托弗·卢茨主编：《西方环境运动：地方、国家和全球向度》，徐凯译，山东大学出版社 2005 年版，第 116 页。

② R. 米切尔（R. Mitchell）认为，在 20 世纪 50 年代到 80 年代，美国的环境非政府组织（ENGO）经历了三次发展浪潮，分别是 1960—1969 年间人们对反对污染、加强环境保护理念的坚决捍卫，1970—1975 年间公众环境兴趣的下降和 80 年代公众对环境兴趣的复兴。参见 R. 米切尔《从保护到环境运动：现代环境游说团体的发展》，载［美］M. 拉塞主编《政府和环境政治：论二次大战以来的历史发展》，华盛顿威尔逊中心出版社 1989 年版。

③ ［英］克里斯托弗·卢茨主编：《西方环境运动：地方、国家和全球向度》，徐凯译，山东大学出版社 2005 年版，第 116 页。

④ 蔡守秋：《环境政策法律问题研究》，武汉大学出版社 1999 年版，第 154—156 页。

⑤ 德国鸟类保护协会（Birds Protection Association）是德国自然保护联盟（Naturschutzbund Deutschland，NABU）的前身。德国自然保护联盟（NABU）是一个国际性的环境非政府组织，主要致力于保护河流、森林及动物种群。

非政府组织的作用逐渐被德国政府与民众认可，很多环境问题的解决都积极吸纳环境非政府组织的参与。日本环境非政府组织的发展起步于 20 世纪 50 年代经济高速增长时期的反公害运动。"反公害——受害者运动"（公害防止 - 被害者の動き）也是日本最早的环境运动。日本环境非政府组织是随着日本环境问题的演变而逐渐成长起来的。换一句话说，日本环境问题演变的历史，也是日本环境非政府组织发展的历史①。正是不断发展蔓延的环境公害问题促进了日本民众的环境意识的觉醒并在日本各地掀起了以保护环境为目标的社会抗议运动，在环境运动发展的过程中也催生了以消除环境公害为宗旨的环境民间社团。20 世纪 80 年代以后，随着时代的发展与环境问题的变化，日本的环境非政府组织关注的重点也开始由消除环境公害转向生态环境的保护、资源节约和循环利用以及推广对环境友好的生活方式等方面②。目前，环境非政府组织已经遍布日本各地，颇具规模。据有关资料显示："目前，日本的环境非政府组织（ENGO）数量在 1.5 万个左右，其中预算规模在 100 万日元以内的团体数有 2549 个，预算规模在 1 亿日元以上的团体数只有 174 个。"③ 当然，日本的环境非政府组织无论是参与人数、预算资金还是实践活动与欧美国家相比都还有很大的差距。

亚非拉等发展中国家与发达国家相比，其国内环境非政府组织的成立时间则要晚许多。在亚洲（除日本），环境非政府组织产生较早的是韩国。韩国在经过以"六月抗争"④ 为开端的民主化斗争后，非政府组织的发展进入快车道，大量民间社会团体成立。这些民间社团涉及政治、经济、文化、医疗、环境等众多领域。在众多领域中，环境保护是一个最为广泛的活动领域。根据有关资料显示："2001 年韩国环境保护民间社会团体数量

---

① 李冬：《日本的环境 NGO》，载《东北亚论坛》2002 年第 3 期，第 81 页。

② 同上。

③ 郭印：《借鉴日本经验发展中国环境非政府组织》，载《环境保护与循环经济》2010 年第 7 期，第 32 页。

④ "六月抗争"是指 1987 年 6 月 10 日在韩国各地掀起的反独裁民主化运动。结果，当时的执政党总统候选人卢泰愚发表了《6•29 宣言》，宣布接受民众要求，实行总统直选制。韩国终于实施了任期 5 年的总统直选制和单任制，走上了民主政治的道路。

为121个，占到了民间社会团体总数的14.3%，在众多领域中位居第一。"① （具体内容见表1-1）

表1-1　　　　韩国民间社会团体的活动领域分布　　　单位：个

活动领域	团体数	活动领域	团体数
政治、法律	9	女性	63
经济	4	社会公共服务	63
医疗、保健	30	扶贫	28
教育	30	儿童	17
消费者	44	青少年	54
人权	33	老人	26
环境	121	残疾人	88
救灾、志愿活动	71	劳动者	31
地域发展	71	农渔民	17
和平、统一	43	其他	3
总计	846		

资料来源：[韩] 朴祥弼：*What is NGO*？，Hanul Publishing House，2001年版。转引自郭印《中日韩三国开展环保NGO交流与合作的探索》，《生态经济》2009年第3期，第178页。

非洲长期受西方殖民经济剥削和文化专制，民众环境意识觉醒较晚，直到20世纪80年代初才出现了较为正式的环境非政府组织——非洲非政府组织环境网络（African NGOs Environmental Network，1982)②。在拉丁美洲，环境非政府组织则出现于20世纪70年代，主要分布在巴西、阿根廷、墨西哥、委内瑞拉等国家。20世纪80年代，拉丁美洲的环境非政府组织得到了迅速的发展。全国性环境非政府组织由70年代末期的40个发展到超过500个，地方性的环境民间组织更是数以千计，这还不包括一些国际环境非政府组织在这一地区开展的行动或活动。③

---

① [韩] 朴祥弼，*What is NGO*？，Hanul Publishing House，2001年版。转引自郭印《中日韩三国开展环保NGO交流与合作的探索》，载《生态经济》2009年第3期，第178页。

② 赵黎青：《环境非政府组织和联合国体系》，载《现代国际关系》1998年第10期，第25页。

③ Price Marie，"*Ecopolitics and environmental nongovernmental organizations in Latin America*"，Geographical Review，1994，84（1），pp. 42–65.

3. 环境非政府组织的全球发展时期：20世纪90年代以来

20世纪90年代以来，全球化得到迅速及深入的发展，世界各国之间的联系亦愈加密切。这一时期的环境问题也开始向全球性问题方向发展，一些跨界的或世界性的环境难题逐渐成为全球民众关注的焦点。如物种灭绝造成的生物多样性减少，温室效应造成的全球臭氧层破坏、大气污染以及核污染等世界性环境问题。由于这些世界性环境问题所具有的复杂性和跨国性等特点，使得在全球环境问题治理与保护中必须由单个民族国家的单独行动转变为世界上所有的国家或地区的共同努力和协调合作，才能有效地解决全球环境难题，进而实现全球环境的有效转变和健康发展。当然，全球环境问题的合作不仅仅是政府间的国际合作，也需要民间各方的共同努力与合作。因而环境非政府组织的活动也开始出现了全球性的特点和国际化的趋向，地区性和国际性环境非政府组织实现了迅速的发展。

相关研究资料显示："尽管环境非政府组织的数量占全球非政府组织（NGO）总量的比例不高，仅仅为7%左右"①，但发展的速度却是惊人的。1972年瑞典斯德哥尔摩联合国人类环境会议（United Nations Conference on Human Environment in Stockholm, Sweden）时环境非政府组织无论是数量上还是影响力上都不是很大，但到1992年巴西里约热内卢联合国环境与发展大会（United Nations Conference on Environment and Development in Rio de Janeiro, Brazil）时，环境非政府组织的数量大大增加，影响力也日益扩大。在这次大会上共有1400多个非政府组织作为正式代表参加了大会的各项议程，并有9000个非政府组织参加了非官方论坛，其中当然包括大量的环境非政府组织。作为发展中国家的印度，环境非政府组织在20世纪90年代之前发展速度是比较缓慢的，但在之后，民间环保组织也得到了较快的发展。据印度环境非政府组织的调查中心（ENVIS）2004年的数据显示："2004年列入印度环境非政府组织的系列指南目录中的环境非政府组织因

---

① Alexander Gillespie, "*Transparency in International Environment Law: A Case Studyofthe International Whaling Commission*", Georgetown International Environmental Law Review, 2001, 14 (4), pp. 333 – 342.

为 2008 年没有回答问卷而被排除在外的环境非政府组织数量大概有 1220
个。"① 由此可见，印度的环境非政府组织已经得到了较快发展。印
度的环境运动是世界上环境运动规模最大的国家之一②，其中"抱树运
动"③ 和 "反坝运动"④ 举世闻名。它们是 20 世纪 90 年代发展中国家环

---

① 印度搜集环境非政府组织（ENGO）的数据和信息的方法与渠道和其他国家
不同。比如在中国，由于网络非常发达，所以基本上以网络为平台进行数据的收集，
全国环境基金会也采取一些物质鼓励的措施来收集数据。而在印度，环境非政府组织
的调查中心（ENVIS）只是根据掌握的信息给那些环境非政府组织（ENGO）寄出调查
问卷，然后等候回音。如果收到回信，那么该组织就被列入指南，否则将被排除在外，
所以每次统计的数据比实际存在的数据要少很多。具体见张淑兰《中印环境非政府组
织的比较》，载《鄱阳湖学刊》2010 年第 2 期，第 79 页。

② N. Patrick Peritore, *"Environmental Attitudes of Indian Elites：Challenging Western
Postmodern Values"*, Asian Survey 33, No. 8, 1993, p. 815.

③ "抱树运动"又称奇普科运动，是成千上万的分散化和地方自治创议团体的
结果，于 1973 年在印度北方邦（Uttar Pradesh）成立。运动的口号——"生态是永久
的经济"——概括了它的主要关心，即保护森林资源不被外来承包商进行商业开发，
保存印度农村和土著人生存的关键资源。1980 年，运动首先在北方邦取得了第一个胜
利——在该邦的喜马拉雅森林地区，十五年禁止砍伐绿色树木，后又扩展到印度北部
的喜马凯尔邦（Himachal Pradesh）、南部的卡纳塔克邦（Kanataka）、西部的拉贾斯坦
邦（Rajasthan）和东部的比哈尔邦（Bihar）。此外，这个运动还阻止了西部盖兹
（Ghats）和温德亚斯（Vindhyas）的砍伐，这一运动是在没有任何集权化机构的指导和
控制、公认的领导或者全职干部的条件下，成千上万普通人的非暴力抵抗和斗争如何
能够成功的一个例子。具体参见［英］克里斯托弗·卢茨《西方环境运动：地方、国
家和全球向度》，徐凯译，山东大学出版社 2005 年版，第 247 页。

④ "反坝运动"又称为反对纳马达（Narmada）流域项目的运动。反坝运动成功
地实现了一个庞大的水电大坝和灌溉工程即纳马达流域项目（NVP）的中止。长达
1312 千米的纳马达河是印度最大的流向西方的河流，也是印度最少利用的河流之一。
纳马达流域项目被设想来作为解决所谓未充分利用资源的出路。它由两个很大的坝组
成——萨达萨罗瓦项目（Sardar Sarovar Project）和纳马达萨嘎项目（Narmada Sagar
Project）——以及 28 个小坝和 3000 个其他的水利项目。尽管大坝有很好的预期收益，
但当大坝将会造成当地人的大规模迁徙的事实变得明朗的时候，一个声势浩大的反对
纳马达流域项目的草根运动发展了起来。大概有超过 15 万个家庭、志愿社会团体和地
方与外国环境团体的 100 万可能的"被驱逐者"参加了运动，最后迫使世界银行于
1994 年由于对其不利的舆论而撤回了资金。结果，这个项目由于缺乏可替代的资金而
被迫推迟。具体参见［英］克里斯托弗·卢茨《西方环境运动：地方、国家和全球向
度》，徐凯译，山东大学出版社 2005 年版，第 248 - 249 页。

境运动的成功典型。① 国内环境非政府组织发展的同时，国际环境非政府组织也在迅速发展。特别是在 20 世纪 70 年代后，国际环境非政府组织数量上实现了大幅增加，规模也是迅速扩大，影响力更是不断增强，并在 20 世纪 80—90 年代成为全球环境治理中一个不可或缺的行为主体。目前，随着环境非政府组织的蓬勃发展，全世界的环境非政府组织的数量庞大，很难有一个准确的统计数字。但环境非政府组织数量的迅速增加是一个确定的事实。同时，国内环境非政府组织和国际环境非政府组织面对全球化的机遇和挑战，逐步建立了环境非政府组织的全球活动网络体系。在这个全球性的网络体系中，各种类型的环境非政府组织可以相互交流、相互协调，在一些重大的环境问题上形成一个声音说话，从而在国际社会和全球环境问题中拥有更大的话语权和发挥更大的影响力②。

（二）环境非政府组织兴起与发展的原因分析

人类社会的发展先后经历了农业社会、工业社会和信息社会。农业社会时代，尽管人们也在尝试用各种方法和智慧改造自然界，但由于手段和方法的局限，人们对自然和环境的破坏，并没有对人们的生活和社会的发展造成严重的影响。随着资本主义工业革命的推进，人类社会告别农耕时代，进入工业文明时代，生产方式的改变促进了社会生产力的极大发展。正如马克思所说，"资产阶级在它的不到一百年的阶级统治中所创造的生产力，比过去一切时代所创造的全部生产力还要多，还要大"③。社会生产力的大发展给人们带来了极大的诸多的好处，如婴儿死亡率在下降，生活水平与人均寿命的极大提高，全球粮食生产增长的速度超过了人口增长的速度。但同时也给地球和人类带来了各种问题与灾难，全球环境恶化就是其中最为典型的问题之一。④

全球环境问题的出现为环境非政府组织的产生与发展提供了良好的契

---

① ［英］克里斯托弗·卢茨：《西方环境运动：地方、国家和全球向度》，徐凯译，山东大学出版社 2005 年版，第 246—250 页。

② Lorraine Elliott, *The Global Politics of the Environment*, published by Macmillan Press LTD, 1998, pp. 132 – 135.

③ 《马克思恩格斯选集》（第 1 卷），人民出版社 1995 年版，第 256 页。

④ 世界环境与发展委员会：《我们共同的未来》，王之佳、柯金良等译，吉林人民出版社 1997 年版，第 3 页。

机。同时信息技术的迅速发展、全球公民社会的推进①以及国家在环境治理与保护中的局限性都是促进环境非政府组织发展的重要动因。联合国的积极支持也是环境非政府组织产生与发展的重要推动因素。②

1. 环境问题的恶化是环境非政府组织兴起与发展的历史前提

环境问题不是今天才有的问题，其实自人类社会产生以来就存在着环境问题。但工业革命以来，人类活动对环境的影响与破坏越来越大。全球著名刊物《科学》（Science）杂志 1997 年的一篇文章《人类主宰地球生态系统》（"Human-dominated Earth's ecosystems"）指出："人类活动正在改变全球的生态系统。"③ 可以说，自 20 世纪 40 年代末以来，环境问题迅速发展为区域性和全球性的问题，而不再仅仅是一个国家的内部问题了。环境问题成为一个具有"长期性、高风险、难解决"特点的复杂问题。环境问题的凸显与发达国家长期推行的"先污染、后治理"的理念有着直接的关系。正是工业文明的推行，造成了人与自然关系的恶化，人类的生存与发展状况受到严峻的挑战。当前世界面临的环境问题主要有："气候变化"、"臭氧层被破坏"、"森林减少与土地沙漠化"、"生物多样性锐减"、"环境的跨界污染及污染的跨境转移"。

全球环境问题的恶化给人类社会的生存与发展造成了严重威胁。面对这一威胁，人们的环境保护意识逐渐觉醒，人们开始寻求各种方式来减少人类对环境的破坏，实现人与自然的相对平衡，从而达到全球环境的恢复与保护，最终实现全球环境问题的解决。环境非政府组织恰恰可以站在全球环境根本利益的高度，谋求人与自然的和谐共处从而实现经济、社会与自然的协调、可持续发展。环境非政府组织也清晰地认识到全球环境问题的解决仅仅靠个人或政府的力量是远远不够的，还必须壮大自身的力量，以团体运作模式加强全球合作与参与，从而实现全球环境问题的最终解决。因此，我们可以说，环境问题的恶化客观上为环境非政府组织的产生与发展提供了必要前提。

① 全球公民社会（Global Civil Society）的发展是促进环境非政府组织（ENGO）发展的重要原因。在后文环境非政府组织与全球公民社会的关系中还要专门论述，此处就不再作详细的分析。

② 环境非政府组织（ENGO）的发展是多种因素共同推动的结果，除了上述的原因之外，环境非政府组织（ENGO）自身所具有的特点与优势使它的发展从可能变为现实。另外，西方公民社会理论的发展也是环境非政府组织（ENGO）得以发展的重要理论基础。

③ 参见全球环境基金（GEF）：Valuing the Global Environment，1998。

2. 国家—政府体制在环境治理与保护上的局限性是环境非政府组织兴起与发展的现实基础

在当今世界政治体系中，国家仍然是国际社会最为重要的行为体，国家在全球事务中仍然发挥着至关重要的作用，环境问题的治理与保护也不例外。然而随着全球化的深入发展，加之环境治理问题本身所具有跨国性、整体性和复杂性等特点，传统的国家—政府体制在环境治理与保护上的局限性越来越明显，各种弊端也逐渐暴露无遗。如，国家利己性与环境公益性的冲突，国家力量有限性与环境问题的复杂性的冲突，国家（政府）主权的有限性与环境问题的跨国性之间的冲突等等。

人们自 20 世纪 60 年代开始关注并重视环境问题。在传统的世界治理体制中，国家（政府）既是环境问题的制造者，也是环境问题的治理者。全球环境问题的出现对国家—政府的治理模式提出了挑战，同时也反映出全球生态的整体性特征。从生物学视角来看，地球是一个互相联系、不可分割的生物系统。每一个子系统都与其他子系统紧密相连，因而一旦某一个子系统受到破坏，造成生态或环境的危机，就会不可避免地影响到其他的国家和地区，这也是环境问题的整体性与跨国性的体现。所以全球环境问题的妥善解决需要世界各国共同努力。然而自威斯特伐利亚体系确立以来，民族国家成为国际政治的基本单位。世界由多个民族国家组成，国际政治处于一种分裂的无序状态中，世界缺乏一个统一各方意志的世界政府。尽管有由主权国家组成的国际组织——联合国，但它的作用也是极为有限。在民族国家中，主权是最为基本的权力。在权力为主导的国际体系中，追求国家利益成为各国最高原则，国家利益和经济的快速增长是国家优先考虑的事项，环境问题基本是处于从属地位。如，一些发展中国家为了追求经济的快速发展，往往会以牺牲环境为代价。国家利益高于国际利益是当今民族国家的优先选项。各国为实现本国的利益，往往对环境的国际公益性影响熟视无睹。如，美国仍然坚持其浪费型的生产与消费方式，并把环境危害物转移到发展中国家。正如肯尼思·沃尔兹（Kenneth Waltz）所说："由于受'无政府'的世界体系结构的影响与约束，民族国家只关心自己的国家利益，而把世界体系的利益弃之不顾。"[1] 国际政治的这种多国家主体状态导致国家利己性与环境公益性之间存在着冲突与矛盾，这就严重制约了全球环境问题的解决。

---

① Kenneth N. Waltz, *Theory of International Politics*, The U. S. : Addison - Wesley Publishing Company, 1979, p. 109.

环境问题的产生与解决涉及社会生活的各个领域，需要大量的物质与技术投入。再加之环境问题的跨国性和整体性，这就使得作为人类根本利益的全球环境治理需要世界各国的共同努力与合作，任何一个国家靠自己的一国之力是根本无法解决的。国家力量有限性与环境问题的复杂性之间存在冲突与矛盾。同时，在全球环境问题治理的过程中必然会有许多问题是涉及民族国家主权的，甚至会经常出现与国家主权相冲突的问题，这就使得国家（政府）主权的有限性与环境问题的跨国性之间就存在着冲突与矛盾。在这种背景下，国家（政府）治理模式行动缓慢、效率低下，国家间的合作力度远远落后于全球环境问题发展的速度。联合国环境规划署（United Nations Environment Programme）在其环境安全报告中指出："在生态保护架构下，主权这一概念是很难被保护的。"① 有些国家经常以国家主权受到侵害为借口，拒绝在环境治理方面进行国际合作。因此，仅仅靠国家（政府）无法实现全球环境问题的真正解决。国家—政府体制在环境治理与保护上的局限性为环境非政府组织参与全球环境治理提供了契机，这也是环境非政府组织产生与发展的原因之一。

3. 大众传媒以及现代科学技术尤其是信息技术的发展进一步促进了环境非政府组织的成长

随着科学技术的进步及社会生产力的发展，作为公共舆论载体的大众传媒得到了极大的发展。其传播的方式不断变化，传播速度越来越快，传播范围越来越广，影响力也是越来越大。大众传媒所具有的即时性、直观性、权威性和覆盖面广的特点，使其可以跨越时空限制，汇集来自世界各地的信息，其功能越来越强大。因而它也逐渐被广大民众所认识并逐渐成为广大民众利益表达的有效工具。

大众传媒是社会的雷达，它在及时发现社会公共问题方面具有得天独厚的先天优势。它可以借助其掌握的各种工具和资源发现社会中的问题，如环境污染问题、自然灾害问题等等，并对这些问题作及时、客观的报道，从而引起社会公众的关注，进而引起政府的重视，促进相关解决政策的形成。大众传媒还具有社会舆论的导向功能。大众传媒通过相关报道可以向公众介绍当前的形势及趋向，引导公众的意见走向和整合，实现社会问题的解决。如当今各国政府对环境问题的重视就是与大众传媒的广泛报道、引导各国民众对环境问题的关注、制造世界社会舆论有着直接的关

---

① Lorraine Elliot, *The Global Politics of the Environment*, London: Macmillan Press Ltd., 1998, p. 98.

系。正是大众传媒的努力使环境问题被列入一些国家的政策与法律制定议程，一些国家相继出台了一系列的关于环境治理与保护的法律法规。另外，大众传媒也具有政治参与功能，它是广大民众利益的有效表达工具。它可以把广大民众的利益诉求反映给政府，实现民众利益的调整与维护。

没有大众传媒就没有环境非政府组织。大众传媒把具有全球环境价值观念与意识的跨地区或国家的民众或团体组织到一起，大众传媒是环境非政府组织产生与发展的前提。正是由于大众传媒所具有的独特功能与优势，促使环境非政府组织在发展过程中往往主动寻求大众传媒的帮助。另外，环境非政府组织作用的发挥及影响力的提升也得益于大众传媒对其的正面报道与传播。因此，大众传媒是环境非政府组织成长与发展的重要基础。

另外，现代科学技术尤其是信息技术的发展也为环境非政府组织的发展提供了有力的物质支持。随着全球化的快速发展，一场以信息技术为标志的新技术革命席卷全球，其影响力巨大，人类社会的各个方面都受到深远的影响。在全球化背景下的环境非政府组织的发展也必然受到了现代科学技术的推动。科学技术的进步为像环境非政府组织这样的非国家行为体作用的发挥提供了物质条件。如，信息技术的发展带来了互联网的出现与繁荣、电子通讯的发达等等。这就使得信息的传播更加迅速、跨国交流与合作更加迅捷而高效，从而使环境非政府组织开展活动的成本变得低廉而高效。约瑟夫·奈就对信息技术对非政府组织的促进作用予以了充分的肯定。他指出，"实际上，信息技术正在形成跨越国界的组织和网络，这使得非政府组织可以跨越国界吸引公众组成联盟从而发挥更大的作用。信息技术的发展使非政府组织（NGO）在全球化的进程中逐渐壮大了自己的力量，其活动范围也从一国或地区走向全球，这时候，国家的力量将会相对降低"[①]。

4. 联合国的认可与支持是环境非政府组织形成与发展的重要因素

联合国自成立以来，在维护世界和平与安全、解决人类经济和社会发展等问题上做了大量的工作，也取得了很多的成绩。然而自第二次世界大战结束，随着工业化和全球化的推进，人类面临的全球性问题日益增多，像环境等一些公共问题更是呈现全球扩散与蔓延的态势。联合国作为全球唯一具有普遍意义的政府间国际组织，在解决人类面临的这些问题时也是

---

① ［美］约瑟夫·奈：《美国霸权的困惑》，郑志国等译，世界知识出版社2002年版，第118页。

日益感到力不从心。环境非政府组织在处理环境问题方面的能力令世界刮目相看，潜力巨大。这就使得联合国开始关注环境非政府组织的相关活动，并有意识地吸收环境非政府组织参与联合国在环境治理与保护等方面的活动。环境非政府组织与联合国的联系最早始于 1948 年。在这一年成立的"国际自然保护联盟"（the International Union for Conservation of Nature，IUCN）就是在联合国的支持之下成立的。20 世纪 60 年代，环境问题成为一个世界性的问题，引起了世界各国人民的共同关注。为了保护和改善环境，联合国在瑞典首都斯德哥尔摩举行了人类环境会议，与会代表中除了各国政府代表团及政府首脑、联合国机构之外还有国际组织特别是环境非政府组织的代表。环境非政府组织的代表在《联合国人类环境会议宣言》（*United Nations Declaration on the Human Environment Conference*）的起草、制定、通过等各个环节都发挥了巨大的作用，这也使环境非政府组织与联合国关系的发展步入了一个新的阶段。正是在环境非政府组织的积极努力下，各国政府和联合国的环境保护意识得到极大的增强。这次会议后，联合国还专门成立了环境规划署（United Nations Environment Programme，UNEP）来加强环境问题治理的各方协调。在环境规划署的帮助下，环境非政府组织专门成立了一个国际环境联络中心（InternationalEnvironment Liaison Centre）作为与联合国环境规划署的联系机构。①

从此，非政府组织与联合国的关系进入密切发展的时期。在联合国的支持与帮助下，越来越多的非政府组织广泛参与联合国各个机构的活动。在众多的非政府组织中环境非政府组织在联合国环境问题治理中的作用日益明显与突出，联合国活动的参与也是十分活跃。如国际自然保护联盟（the International Union for Conservation of Nature，IUCN）就在世界自然保护战略中首次提出了"可持续发展"战略，国际环境联络中心和地球之友等很多环境非政府组织在 1992 年巴西联合国环境与发展大会上积极进行游说等使大会通过的《21 世纪议程》（*Agenda* 21）和《里约环境与发展宣言》（*Rio de Janeiro Declaration on Environment and Development*）都吸收了环境非政府组织的相关政策建议，而且这两个文件的最后通过也是在环境非政府组织的积极活动与努力下得以实现的。②

自 20 世纪 90 年代以来，联合国领导人的有关讲话和一些重要文件都

---

① 李慎明、王逸舟主编：《2002 年：全球政治与安全报告》，社会科学文献出版社 2002 年版，第 201 页。

② 赵黎青：《环境非政府组织与联合国体系》，载《现代国际关系》1998 年第 10 期，第 26—27 页。

强调加强与非政府组织合作的必要性和重要性。1992 年 9 月，第 47 届非政府组织年会邀请了时任联合国秘书长的布特罗斯·布特罗斯－加利（Boutros Boutros－Ghali）作主题演讲。加利在主题演讲中说："在当今世界上，非政府组织是代表大众意愿的一种基本形式。它们在国际组织中的参与，在某种意义上是那些国际组织政治合法性的一种保证。"[1] 1997 年里约联合国环境与发展大会通过的相关文件中也明确指出，为了加强非政府组织在经济社会发展中的作用，联合国及世界各国政府都应该积极向非政府组织进行相关的专业咨询，为此应建立相关的机制和程序以使非政府组织能参与世界各个层面的有关可持续发展的事务。

通过上面的分析，我们可以发现，联合国对环境非政府组织的形成与发展起到了积极的推动作用，没有联合国的支持与推动，环境非政府组织是没有今天的发展成就的。

（三）环境非政府组织发展的特点及趋势

从世界上第一个环境非政府组织——1865 年在英国成立的空间和共同道路保护社团（OSFPS）到今天，环境非政府组织也经过了近一个半世纪的发展。在这一个半世纪的发展历程中，环境非政府组织在数量、规模、类型及组织形态上都发生了较大的变化，呈现出与以往不同的发展特点和趋势。总结起来主要表现在以下几个方面：

1. 数量及规模上呈现快速增长及扩大态势

随着环境非政府组织的不断发展，其数量不断增加。但我们要统计当下全世界究竟有多少环境非政府组织，有多少国内环境非政府组织，多少区域性和国际性环境非政府组织是一件难度很大的工作。到目前为止，还没有任何一个结构或组织给出过一个准确的数字。环境非政府组织由于自身所特有的特点使得其在环境治理与保护方面具有极大的优势，是政府环境治理机构无法比拟的。环境非政府组织的快速发展也是世界环境问题治理的必然要求，数量的增加与规模的扩大就是典型的标准。

20 世纪 80 年代以前，环境非政府组织——无论是国内的还是国际的，在欧美日等发达国家发展都较快。20 世纪 80 年代以来，亚非拉等地区的发展中国家的环境非政府组织得到了快速发展，组织或机构的数量增长迅速，其中这一时期成立的国际环境非政府组织发展中国

---

① Peter Willetts, *The Conscience of the World – The Non – Governmental Organizations inthe U. N. System*, London: Hurst & Company, 1996. p. 311.

家占到了其中的一半。根据一份权威统计资料的数据显示："20 世纪50 年代初，从事跨界活动的国际环境非政府组织仅仅有 2 个，这在全球性国际非政府组织中数量是最少的，到 20 世纪 70 年代初，数量增加到 10 个，到 20 世纪 90 年代初，数量增加到 90 个，位居各种全球性专业国际组织数目排名的第二位，仅次于人权类国际非政府组织，增长幅度位居所有国际非政府组织之首。"① （具体见图 1 - 3） 另外，根据《绿色全球年鉴：2000/2001》（*Green Globe Yearbook*：2000/2001）的资料显示："截至 2003 年 4 月，作为联合国环境规划署（UNEP）与环境非政府组织（ENGO）的联系纽带——国际环境联络中心（ELCI）的组织成员已经有 900 多个环境非政府组织（ENGO）（这些组织分布于112 个国家和 3 个地区），这些环境非政府组织（ENGO）大多数是国际环境非政府组织。"② 由此可看出世界范围内的国际环境非政府组织当数以千计，国内环境非政府组织更是不计其数，难以统计。

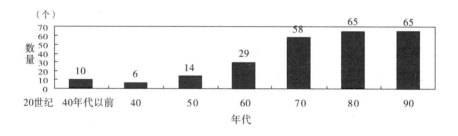

图 1 - 1　国际环境非政府组织（IENGO）数量发展变化图

资料来源：M. E. Keck and K. Sikkink, *Activists beyond Borders*：*Advocacy Networks in International Politics*, Ithaca：Cornell University Press, 1998, p. 11.

　　环境非政府组织在数量不断增长的同时，其规模也呈现不断扩大的发展态势。美国是当今世界环境非政府组织发展程度较为成熟的国家之一。在 20 世纪 80 年代初，美国的全国性环境非政府组织就已经达到 100 多个，组织成员人数在 5 千人以上的有 13 个，在 1 万人以上的有 9 个，这些组织有很大一部分也逐渐发展为国际环境非政府组织。"20 世纪 80 年代初，英

① 　M. E. Keck and K. Sikkink, *Activists beyond Borders*：*Advocacy Networks in International Politics*, Ithaca：Cornell University Press, 1998, p. 11.

② 　［挪威］弗里德约夫·南森研究所编：《绿色全球年鉴：2000/2001》，中国环境保护总局译，中国环境科学出版社 2002 年版，第 313 页。

国环境非政府组织（ENGO）的组织成员有 250 万至 300 万，占全国人口总数的 5% 左右，到 80 年代末的时候，会员人数已达到约 450 万，约占全国人口总数的 8%。"① 日本的环境非政府组织发展规模也呈现扩大趋势。目前，环境非政府组织已经遍布日本各地，颇具规模，据有关资料显示："目前，日本的环境非政府组织（ENGO）数量在 1.5 万个左右，其中预算规模在 100 万日元以内的团体数有 2549 个，预算规模在 1 亿日元以上的团体数只有 174 个。"② 国际环境非政府组织的发展规模也越来越大，一些大型的国际环境非政府组织在世界多个国家都设立了代表处或分理处。如 1970 年成立于加拿大的绿色和平国际组织（Greenpeace），1972 年时在加拿大仅有一个办事处，1992 年在 24 国家设立了分支机构，截至 2003 年其已经在 41 个国家或地区设立了办事处。③ 国际地球之友（Friends of the Earth International，FOEI）的国外办事处从 1971 年的仅仅 2 个发展到 1992 年的 51 个。④ 绿色和平国际组织的组织成员在 20 世纪 80 年代中期到 90 年代初这段时期从 140 万人增加到 675 万人，国际地球之友（FOEI）的组织成员在 20 世纪 80 年代初至 90 年代初这段时期组织成员人数增加了一倍。⑤ 自 20 世纪 70 年代以来，一部分影响较大的国际环境非政府组织在美国和英国的组织成员人数呈现不断增长的态势，具体参见表 1 - 2 和 1 - 3。

表 1 - 2　　部分影响较大的国际环境非政府组织（IENGO）
在美国的组织成员人数　　　　单位：千人

年份 组织	1970	1980	1990	1995	1998
世界自然基金会			400	800	1200

---

① 李峰：《试论英国的环境非政府组织》，载《学术论坛》2003 年第 6 期，第 49 页。

② 郭印：《借鉴日本经验发展中国环境非政府组织》，载《环境保护与循环经济》2010 年第 7 期，第 32 页。

③ Greenpeace, "*The History of Greenpeace*", http://www. greenpeace. org/international_ en/history/.

④ 张海滨：《环境与国际关系——全球环境问题的理性思考》，上海人民出版社 2008 年版，第 116 页。

⑤ T. Princen and M. Finger, *Environmental NGOs in World Politics：Linking the Local to the Global*, London and New York：Routledge, 1994, pp. 2 - 3.

西拉俱乐部	113	181	630	570	555
国际地球之友	6		9	35	12
绿色和平国际组织			2350	1600	350

表1-3　　部分影响较大的国际环境非政府组织（IENGO）
在英国的组织成员人数　　　　单位：千人

年份 组织	1970	1980	1990	1995	1998
国际地球之友	1	18	111	110	114
世界自然基金会	12	60	227	219	240
皇家鸟类保护协会	98	441	852	890	1012
绿色和平国际组织		30	312	279	194

资料来源：Neil Carter, *The Politics of the Environment*, *Cambridge*, UK：Cambridge University Press, 2001, pp. 132 - 133. 转引自张海滨《环境与国际关系——全球环境问题的理性思考》, 第116页。

2. 类型呈现多样化发展态势

随着全球环境问题的日益严重，社会公众的环境意识开始觉醒，社会公众加强了对环境问题的关注，环境非政府组织在环境治理与保护中的作用日益为广大民众所认识和重视。在广大民众的重视与支持下，环境非政府组织得到了快速的发展，发展类型也越来越多样化。在不同的环境领域有不同的环境非政府组织的存在，在一些综合性环境问题领域也有综合性环境非政府组织的存在，在不同的国家也相应地有不同国家的国内环境非政府组织。环境非政府组织的类型繁多，呈现了多样化的发展态势。（参见表1-4）

表1-4　　　　　　　　环境非政府组织的类型

标准	类型	标准	类型
宗旨和活动领域	综合性 ENGO	成员组成	研究型 ENGO
	专门性 ENGO		参与型 ENGO
活动范围	国际 ENGO	政治理念与行动方式	改良型 ENGO
	国内 ENGO		激进型 ENGO
成立地	发达国家 ENGO	规模	大型 ENGO
	发展中国家 ENGO		小型 ENGO
经费来源	内部支持型 ENGO		
	外部支持型 ENGO		

资料来源：根据丁金光《国际环境外交》，第 87—88 页整理而成。①

3. 活动范围和领域越来越广泛，组织发展呈现世界网络体系发展趋势

随着环境非政府组织的快速发展，其经费来源更为广泛和固定，组织财力逐渐变强，预算开支也实现了大幅上升。如世界自然保护联盟（The World Conservation Union）在成立初期经费来源有限，入不敷出，几乎无法保证组织机构的正常运行，所以基本没有开展什么环保活动。② 20 世纪 60 年代后，随着国家及人们对环境问题的关注与支持，财政状况开始好转，收入逐渐增加，财力逐渐变强，2001 年的经费收入达到了 8900 万瑞士法

---

① 综合性环境非政府组织一般是以保护整个生态系统为宗旨，活动范围更是涉及几乎所有的环境问题领域。比较典型的有绿色和平国际组织（Greenpeace）、世界自然基金会（World Wide Fund For Nature，WWF）、地球之友（Friends of the Earth）等。专门性环境非政府组织主要针对某一个或几个环境问题在某一个或几个特定的环境领域活动。比较典型的有专注于防止全球气候变暖的气候行动网络（Climate Action Network，CAN）、专注于鸟类保护的英国皇家鸟类保护协会（The Royal Society for the Protection of Birds，RSPB）和专注于有害产品和废物的越境转移问题的巴塞尔行动网络（Basel Action Network，BAN）等。研究型环境非政府组织是指由环境问题相关领域的专家学者组成，通过自己的环境问题研究成果给社会或政府提供相关政策报告的社会环境组织比较典型的有罗马俱乐部（Club of Rome）、国际可持续发展研究所（International Institute for Sustainable Development）和世界资源研究所（World Resources Institute）等。参与型非政府组织的工作重心是动员广大群众参与直接行动进行环境保护，同时也重视环境研究。世界资源保护联盟（World Conservation Union）就是典型代表。激进型环境非政府组织以重视自然内在价值，追求人类社会内部及人与自然的平等为宗旨，通常以暴力手段阻止人类对原始环境的破坏。典型代表有环境解放阵线（Environmental Liberation Front）。改良型环境非政府组织重视人与自然的和谐相处，主张通过温和、非暴力、合作与对话的方式实现自己的环境理念。内部支持型环境非政府组织是指主要依靠会员缴纳的会费及会员的捐款为主要活动经费的环境非政府组织。外部支持型环境非政府组织是指除了会员缴纳的会费及会员捐助以外，主要依靠政府、企业及其他社会群体捐助的环境非政府组织。当前环境非政府组织的发展注重向全面型、多功能型、多资金来源型的方向转变。

② Mairin Barclay, "*IUCN's Fifty Year Evolution from 'Protection' to 'Sustainable Use'*", http：//www.iucn.org/about/index.htm.

郎。① 随着环境非政府组织财力的增强和人们对环境问题认识的逐渐深化，环境非政府组织的关注领域和活动范围不断扩大。由过去的单一环境问题转向综合性问题的关注与解决，如发展问题、人权问题等等。世界自然基金会（WWF）的变化就是一个很好的证明。该基金会成立之初主要关注濒危物种及其栖息地问题。在 20 世纪 70 年代以后，其开始全面关注自然保护并把发展与自然保护结合起来，活动范围和领域已经大大超出了原有的野生生物保护范围，因此 1986 年世界自然基金会把原来的组织名称——世界野生生物基金（World Wildlife Fund）——改成现在的组织名称（美国与加拿大仍然使用旧名）②。20 世纪 90 年代以后，世界自然基金会的活动范围和领域又得到扩展，涉及全球气候变化、土地沙漠化、海洋污染等几乎所有的环境领域。③

环境非政府组织的活动范围和领域在不断扩展的同时，环境非政府组织的组织结构也呈现出世界网络体系发展的态势。在环境非政府组织的创立与发展初期，各个环境非政府组织之间的联系与合作是比较少的，只是在一些价值理念相同或相似的问题与领域展开一些零星的合作。20 世纪 70 年代以后，特别是瑞典斯德哥尔摩联合国人类环境会议（United Nations Conference on Human Environment in Stockholm，Sweden）后，环境非政府组织特别是国际环境非政府组织开始重视合作，它们之间的联系与合作趋向加强。20 世纪 90 年代以后，环境非政府组织之间的合作与交流进一步加强，它们在一些问题上互相交流信息，加强磋商与协调，力争用一个声音说话。如，绿色和平国际组织、世界自然基金会及环境正义网络（Environmental Justice Network）在 2002 年世界可持续发展峰会（World Summit on Sustainable Development）召开前夕，通过它们的磋商与协调，化解了一些它们之间的分歧，形成了共同的立场。④ 成立于 1989 年的气候行动网络（Climate Action Network，CAN）经过多年的探索，目前已经与 500 多家

---

① IUCN，*IUCN Income in* 2001，http：//www. iucn. org/about/finance. htm#，［挪威］弗里德约夫·南森研究所编：《绿色全球年鉴：2000/2001》，中国环境保护总局译，中国环境科学出版社 2002 年版，第 279 页。

② 张海滨：《环境与国际关系——全球环境问题的理性思考》，上海人民出版社 2008 年版，第 117 页。

③ 同上。

④ Anthony Stoppard，"*The Jo'burg World Summit NGOs Split on Ways to Fight Poverty*"，http：//www. indiatogether. org/environment/articles/wssdngos. htm.

国际或政府组织建立了联系与合作。通过与这些组织或机构的交流合作，实现了信息的交流、分歧的消弭以及为各方所接受的政策方案的制定。这就推动了环境非政府组织在气候问题上能够采取积极有效的行动把人为因素导致的全球气候变化问题限制在能够满足人类可持续发展的水平上。另外，环境非政府组织也适应时代发展要求开始向网络化方向发展。很多环境非政府组织特别是国际环境非政府组织相继建立了自己的网络与联盟。形形色色、大小不一的环境非政府组织网络体系逐渐形成了全球网络化体系。

在环境非政府组织的全球网络化体系中，有专门从事环境问题研究和信息交流与传播的专家学者。全球问题的复杂性、高难度等特点使得全球环境问题的解决需要相关的理论研究做支撑，否则变化不定的环境问题很难被清晰分析与解决。拥有大量的环境专家学者的环境非政府组织可以投入大量的资源与精力实现对环境问题的研究并形成决策咨询，有助于环境问题的解决。如，世界资源研究所（World Resource Institute）、环境与发展国际研究所（International Institute for Environment and Development）及世界观察研究所（World Watch Institute）等等。在环境非政府组织的全球网络化体系中还有大量的非政府组织专门从事操作性活动，从而广泛地参与国际社会的活动。如，印度尼西亚的环境论坛（Indonesian Environment Forum）就是由近 80 个非政府组织于 1980 年建立的，经过 10 多年的发展，到 1992 年时其成员组织就已经达到了 500 多个。① 1982 年，非洲的 21 个非政府组织共同创立了非洲非政府组织环境网络（African NGOs Environmental Network），经过十年的发展，1992 年时，其成员达到了 530 个，分布在非洲的 45 个国家。② 1991 年欧洲环境组织（European Environment）有来自 21 个国家的近 130 个非政府组织成员，它们在许多国际场所代表欧洲的非政府组织。③

二 环境非政府组织与全球公民社会的关系

尽管目前国内外学术界对全球公民社会（Global Civil Society）的概念

---

① 霍淑红：《国际非政府组织（INGOS）的角色分析——全球化时代 INGOs 在国际机制发展中的作用》，博士论文，华东师范大学，2006 年，第 87 页。

② 同上。

③ 同上。

还在争论，没有一个为各方所公认的术语，但这并不妨碍全球公民社会成为国际社会的一股新兴力量和行为体。作为公民社会在全球化的背景下在全球层面的发展与演进，其被看作是一种相对独立国家又跨越边界的领域或空间，各种追求自身价值目标的非政府组织是这一领域或空间活动的主要行为体①的认识还是得到各方研究者的认同。全球公民社会的形成与发展超越了国家边界、经济利益与政治权力的束缚，有利于全球治理的推进与实现。

在前面的概念界定中，笔者结合自己的研究对象尝试性地给全球公民社会作了一个概念界定。一方面是为尽量避免学术界关于全球公民概念的一些难以厘清的争论，另一方面也是尝试性地对全球公民社会的内涵作一些发展。笔者认为全球公民社会是指存在于国家与市场之外的，人们为了个人或社会的公共价值目标进行结社或活动的网络和领域，它包括跨国性的结社和网络，也包括具有全球价值取向和全球意识的国内结社或活动。由此可见，全球公民社会的组成部分是多样的，既有全球公民社会主要行为体的非政府组织，也有跨国社会运动、跨国倡议网络、专业性协会（医生和律师协会）、教会组织、劳工组织等其他组成部分。正是这些组成部分推动了全球公民社会的形成与发展。同样，全球公民社会的发展也进一步促进了这些组成部分的发展，二者在互动中形成相互促进的发展。环境非政府组织作为非政府组织的一种类型，其必然亦是全球公民社会的一个重要组成部分。它们二者的关系也必然体现在全球公民社会与其组成部分之间的关系之中。下面我们就对全球公民社会的组成部分概况及其与环境非政府组织之间关系作详细的阐述。

（一）全球公民社会的组成部分概况

1. 新社会运动

"二战"结束后，世界进入一个相对和平的稳定时期。在这一时期，西方世界经过新科技革命的推动及自身生产关系的调整，社会生产力得到极大的发展，民众生活水平得到很大的提升。然而，资本主义自身固有的矛盾无法消除以及由此所带来的诸多新问题使发达资本主义国家的繁荣与稳定无法长期持续下去，社会出现了多种危机。生态污染、核威胁等问题引起了人们的特别关注、不满与失望。因此，在这一背景下，从 20 世纪

---

① 王杰、张海滨、张志洲主编：《全球治理中的国际非政府组织》，北京大学出版社 2004 年版，第 108 页。

60 年代中期开始，西方发达资本主义国家爆发了形形色色的社会运动，如，反核运动、环境运动、民权运动、和平运动等。社会运动的兴起引起了社会科学研究者的关注与研究，形成了不同于以往的新社会运动概念及理论来解释历史与现实中的社会运动形式。① 当然，实践的发展促成了理论的形成，理论的形成与发展也促进了实践的发展。新社会运动理论与实践在互动中促进了相互的发展。

（1）新社会运动：概念及理论

新社会运动是相对于旧社会运动（或传统社会运动）而言的。"社会运动是公众对民族国家运作过程产生不满情绪的一种反映，是社会冲突/问题的集中体现。"② "社会运动是伴随着民族国家的产生而产生的，社会运动具有历史性，不同时代的社会运动具有不同的特征"③，因此也就有了新旧社会运动的区别。新旧社会运动在诸多方面存在着具体的差别（具体参见表 1-5）。

表 1-5　　　　　　　　　　新旧社会运动比较

类型 项目	新社会运动	旧社会运动
目标	社会改革（价值观改变）	政治革命（政治改变）
性质	社会文化议题主导	政治经济体制斗争
参加者	中产阶级	非当权的政治、经济阶级团体
凝聚基础	共同身份的认同	统一的意识形态
组织结构	网络式、松散结构	科层制、中央集权式的等级结构

资料来源：赵鼎新：《社会与政治运动讲义》，社会科学文献出版社 2006 年版，第 290—291 页。

对于什么是新社会运动？目前学术界对此看法不同，争论不一。汉克·约翰斯顿（Hank Johnston）认为："新社会运动是 20 世纪 70 年代以来在西方发生的和平运动、反核运动、民族主义运动、学生运动、妇女解放

① 李瑞昌：《"亚政治"与"新社会运动"》，载《复旦学报》（社会科学版）2006 年第 6 期，第 118 页。
② 刘颖：《新社会运动理论视角下的反全球化运动》，博士论文，山东大学，2006 年，第 17 页。
③ 同上。

运动、生态运动等等。新社会运动具有历史继承性，并不是绝对完全与过去割裂，尽管每一种运动形式的变化程度不同，但它无法完全切断同过去的社会运动的联系。"① 中国学者陈伟东认为："新社会运动，是相对于传统的无产阶级解放运动而言的，是若干利益集团为表达和维护自身的利益，所开展的一系列单一目标的松散的群众运动"②。由于认识角度不同，所以对新社会运动的考察便有了不同的结果。但总体来看，当下中外学术界对新社会运动的价值观、行为方式和组织方式的认识还是比较一致的，这也是新社会运动与旧社会运动的主要区别。在此背景下，笔者认为，新社会运动是在西方社会发展新背景下，一种不同于传统社会运动模式的新型公众反抗与斗争活动网络，其目标是寻求对社会新问题的解决，其形式具有多样性。

随着西方社会运动的发展，新社会运动理论也随之形成与发展。在欧美世界，对于"新社会运动为什么发生，以及如何发展"问题的探讨形成了新社会运动理论的不同流派。总结起来主要有两大类四种理论范式：一类是解释为什么会发生新社会运动的理论。这类理论主要以西欧国家为代表。这些国家的研究者从社会和文化转型的视角，集中于社会结构的巨大变化，认为："社会结构的变化导致了新社会运动的出现，新社会运动是一种新的政治模式，是新社会政治身份的重建运动，也是后现代的、后工业的、后物质的新时代的使者。"③ 后物质主义理论和现代化的矛盾理论④是这一大类中新社会运动理论阐释范式的典型代表。另一类是阐释新社会运动如何动员民众的理论。这一类理论在美国较为流行。资源动员理论和

---

① Hank Johnston, Albert Melucci, *New Social Movement*, Temple University Press, 1994, p. 3.

② 陈伟东：《当代西欧新中间阶层政治文化初探》，载《社会主义研究》1994年第 2 期，第 48 页。

③ Hanspeter Kriesi et al., *New Social Movements in West Europe: A Comparative Analysis*, Minnesota University Press, 1995, p. 238.

④ 关于后物质主义理论和现代化的矛盾理论由于篇幅原因，这里就不再一一叙述，具体内容参见 Rudig Schmitt - Beck, "*A Myth Institutionalized: Theory and Research on New Social Movements in Germany*", Europe Journal of Political Research, 21/1992, pp. 357 –383. John C. Berg Teamster and Turtles, U. S. Progressive Political Movements in the 21st Century, Lanham. Blouder. New York. Oxford, 2003, p. 4.

政治机会结构理论①是这一大类中新社会运动理论的典范。

（2）跨国社会运动：新社会运动的一种典型形式

作为对全球问题一种反应的新社会运动需要全球性的一个舞台并在这个舞台上成长发展，因此新社会运动呈现出全球性和个体性两个发展趋势。跨国社会运动的形成与发展便是其全球性发展趋势的一个根本标志。跨国社会运动是全球化不断发展背景下新社会运动的一种典型形式。②

20世纪80年代开始，随着市场化改革和信息技术革命带来的信息网络化推进，社会运动发展进入一个新的阶段——社会运动由民族国家扩展到世界范围，跨国范围的社会运动逐渐增多，跨国倾向越来越明显。西方学者西德尼·塔罗（Sidney Tarrow）对跨国社会运动作了一个概念界定，他认为，"跨国社会运动是至少有两个或两个以上的民族国家的社会动员群体，对除本国以外的至少一个国家的权力拥有者、国际机构或跨国经济行为体而进行的较持久的抗议与斗争网络"③。"跨国性"是跨国社会运动最为典型的特征。④（具体参见表1-6）

---

① 政治机会结构理论，美国学者也称它为政治进程理论，尽管叫法不一，但具体内容没有本质差别。关于资源动员理论和政治机会结构理论的具体内容参见［美］劳伦斯·迈耶等著《比较政治学》，罗飞等译，华夏出版社2001年版，第75页。Andrew Appleton，"*The New Social Movement Phenomenon：Placing France in Comparative Perspective*"，West European Politics，Vol. 22，No. 4（October 1999），pp. 57–75.

② Brian Doherty & Timothy Doyle，"*Beyond Borders：TransnationalPolitics，Social Movements and Modern Environmentalisms*"，Environmental Politics，Vol. 15，No. 5，November 2006，p. 708.

③ 转引自DonatellaDella Porta，"*Transnational social movements：A Challenge for Social Movements Theory?*"，Paper For "*The Conference Crossing Borders：On The Road Towards Transnational Social Movement Analysis*"，WZB October 5–7 2006，http：//www. wzb. eu/zkd/zcm/projekte/past/crossingborders. en. htm.

④ 跨国社会运动的跨国性是指社会运动只要出现表1-6中所列的五个方面特征中的一个方面便具有了跨国的性质，从而也就成为跨国社会运动，并不需要表中所列的五个方面全部具备。

表 1-6 跨国社会运动的跨国性特征表现

跨国性特征表现形式	运动抗议目标的跨国性,如世界贸易组织(WTO)
	运动议题的跨国性,如环境、人权、核问题等
	参与运动的组织具有跨国性,如世界自然基金会(WWF)
	运动活动范围具有跨国性,如反对伊拉克战争的抗议示威活动(2003 年 2 月)
	运动参与者的跨国性(同一社会运动参与者来自不同的国家)

资料来源:根据刘颖《跨国社会运动动员的限制性因素分析——以全球替代运动为例》,《太平洋学报》2011 年第 2 期,第 76 页整理而成。

社会运动由民族国家走向世界成为跨国社会运动,是由各种因素共同推动的结果,不是自然扩展的产物。[1] 首先,全球化与全球信息网络的迅速发展使社会公众进行跨国界联系与参与开展运动成为可能。特别是互联网、手机等信息工具的普及进一步推动了跨国社会运动的形成与发展。其次,社会运动所面对的诸多议题具有跨国性,这使得议题的解决与实现需要各国的共同努力,因此有了跨国社会运动的形成与发展。如环境问题就是一个典型的例子。环境问题的跨国性与复杂性使得该问题是任何一个国家靠自己的力量难以解决的,需要各方的共同努力。再次,国际组织和跨国经济行为体是社会运动的重要抗争目标,它们往往是跨国的,因此对它们的抗争往往就需要超越主权国家层面在跨国乃至在全球层面进行。如,壳牌石油公司——世界著名的能源跨国公司——在全球 30 多个国家设有分公司,针对它的反抗活动就需要跨越国界进行。最后,社会运动参与者认识的提高是最为重要的原因。随着全球化与世界一体化、整体化的趋势日益明显与加强,西方社会运动的众多参与者开始认识到他们所进行的活动与议题往往与全球性问题紧密联系在一起,因此加强了不同国家之间社会运动的联系与联合。[2]

---

[1] Robin Cohen, "*Transnational Social Movement: An Assessment*", Paper To Transnational Communities Programme Seminer Held at the School of Geography, University of Oxford, 19 June 1998.

[2] 刘颖:《跨国社会运动动员的限制性因素分析——以全球替代运动为例》,载《太平洋学报》2011 年第 2 期,第 77 页。

跨国社会运动是一种超越主权认同的新认同政治的重要推动力量，在当今时代的世界体系中发挥着不可替代的重要作用。[①] 它可以实现跨国社会运动所倡导的思想及价值观的跨国传播与扩散，促进信息流动与更为广泛的传播。它也为各类社会群体提供了影响世界政治议程的参与机会，从而促进"公共的善"[②]。

2. 跨国倡议网络

全球化与新科技革命推动的生产力的快速发展给全球带来各种各样的世界性问题，如环境破坏、跨国犯罪和疾病跨国流行等。这些问题涉及政治、经济、文化、社会的各个方面。原有的国家—政府模式已经不能适应全球性问题的治理与解决，相应的国际非政府组织、跨国社会运动（Transnational Social Movements）、跨国倡议网络（Transnational Advocacy Networks）及世界社会论坛（World Social Forum）逐渐成为全球治理的重要行为体。究竟什么是跨国倡议网络？跨国倡议网络的行为主体及作用模式分别是什么？下面作简要的说明。

（1）什么是跨国倡议网络

20 世纪末，在主权国家主导的世界体系中出现了许多的非国家行为体。它们彼此之间、与国家及国际组织之间发生着互动关系，这些互动关系形成了网络，而跨国网络在世界政治中越来越引起人们的注意。[③] 在这些众多的网络中既有经济行为体和公司组成的网络，也有由科学家和专家

---

① 刘宏松：《跨国社会运动及其政策议程的有效性分析》，载《现代国际关系》2003 年第 10 期，第 19 页。

② 诸多伦理学著作都对善进行了探讨。西方的亚里士多德、柏拉图、康德及罗尔斯都对善进行了解读，中国的孔子也有阐释。可谓是定义多种多样，观点各不相同。所谓"公共的善"是指一种普遍的正义。在亚里士多德看来，"人天生是城邦动物，所以人必须在献身城邦整体利益中才能过上至善的生活，因此对城邦公民来说，个体对美的追求与'公共的善'的意思是一致的"。在全球化的世界体系下，"共同的善"代表着一种全球的整体利益。具体参见陈周旺《正义之善——论乌托邦的政治意义》，天津人民出版社 2003 年版，第 38—42 页。也可参见［古希腊］亚里士多德《政治学》，吴寿彭译，商务印书馆 1965 年版。

③ ［美］玛格丽特·E. 凯克、凯瑟琳·辛金克：《超越国际的活动家——国际政治中的倡议网络》，韩召颖等译，北京大学出版社 2005 年版，第 1 页。

组成的网络①，还有活动家网络。网络是"以自愿、互利、横向的交往和交流模式为特点的组织形式"②。著名组织理论研究学者沃尔特·鲍威尔（Walter Powell）称它为明显不同于市场和等级制（公司）的第三种经济组织模式。"网络要比等级制灵活"，"尤其适合于需要快捷、可靠信息的情况以及价值不易衡量的商品交换"③。沃尔特·鲍威尔对经济网络的认识对于理解政治网络具有重要的参考价值。政治网络中信息也发挥着关键作用，否则，"商品"价值也难以衡量。

尽管国内问题与国际问题有所不同，但网络概念却都适用于这两类问题。因为它所强调的是致力于某些特定问题、执著而有见识的行为体之间不固定、开放的关系。④ 我们称它为倡议网络，是因为倡议者是为他人的事业而呼吁，或是为某一项事业或某一个主张而辩护与捍卫。网络中的群体拥有共同的价值观念，他们之间经常相互交换信息与服务。网络行为体之间的信息流动说明这些群体中存在着正式和非正式的密切联系网络。除了共享信息之外，网络中的各行为体还形成了生产和组织信息的范畴和框架，信息是它们开展活动的基础。迅速正确地提供信息并有效地利用信息的能力是它们最重要的资源，也是它们的主要特点。这对它们的认同也十分关键。运动的核心组织者必须保证使掌握信息的个人和组织融入到网络中。对于一个问题的建构方式不同，所需要的信息可能也会有所不同。因此，对问题建构方式的分歧可能会成为网络内部发生变化的重要因素。⑤跨国倡议网络的权威研究者玛格丽特·E. 凯克、凯瑟琳·辛金克认为，网

---

① 彼得·哈斯（Peter Haas）称之为"知识群体"（"knowledge – based" or "epistemic community"）。具体参见 Peter Haas，"*Introduction：Epistemic Community International Policy Coordination，Knowledge，Power and International Policy Coordination*"，special issue，International Organization 46（Winter 1992），pp. 1 – 36.

② ［美］玛格丽特·E. 凯克、凯瑟琳·辛金克：《超越国际的活动家——国际政治中的倡议网络》，韩召颖等译，北京大学出版社 2005 年版，第 9 页。

③ Walter W. Powell，"*Neither Market nor Hierarchy：Network Forms of Organization*"，Research in Organization Behavior 12（1990），pp. 295 – 296，303 – 304.

④ ［美］玛格丽特·E. 凯克、凯瑟琳·辛金克：《超越国际的活动家——国际政治中的倡议网络》，韩召颖等译，北京大学出版社 2005 年版，第 10 页。

⑤ 同上。

络的显著特点是"网络的形成主要以道德理念或价值观为核心"①。他们认为跨国倡议网络是"作为以活动家为中心、以非政府组织等行为体联合互动的结构，构成了全球治理的重要层次，它通过提出新议题、影响国家政策、建立和传播国际规范来重构世界政治"②。

（2）跨国倡议网络的行为主体及作用模式

随着全球公民社会的不断发展，跨国倡议网络（TANs）发展也极为迅速，活动也较为频繁，成为促进全球治理的重要因素。倡议网络的参与者或行为体组成部分较多，包括组织和个人（具体见表1-7）。

表1-7 　　　　　　　　　　倡议网络的行为体组成

倡议网络的行为体	国际和国内的非政府研究和倡议组织
	地方社会运动
	基金会
	媒体
	教会、商会、消费者组织和知识分子
	区域和国际间政府组织的有关部门
	政府行政和立法机构的有关部门

资料来源：[美] 玛格丽特·E. 凯克、凯瑟琳·辛金克：《超越国际的活动家——国际政治中的倡议网络》，第11页。

表1-7所体现的倡议网络的行为体组成部分并不是在每一个倡议网络中都会出现。不过值得注意的是，国际非政府组织和国内非政府组织在每种倡议网络中的作用都极为关键。一般它们率先发起行动，对更强大的行为体施加压力，促使其改变立场和进行政策调整。非政府组织引入新思想、新观念并提供信息，为政策改变进行游说。

个人关系网络对于国内网络的形成发挥了关键作用，在跨国网络的某

---

① 具体确定行动正确还是错误、结果正当还是不正当这样的范畴的理念，称为基本的共同信念或价值观。关于因果关系的信念，称为共同的因果信念。Judith Goldstein and Robert Keohane, eds. *Ideas and Foreign Policy: Beliefs, Institutions, and Political Change*, Ithaca: Cornell University Press, 1993, pp. 8 - 10.

② 转引自黄超《全球治理中跨国倡议网络有效性的条件分析》，载《国际观察》2010年第4期，第20页。

些问题领域，它的作用再次得到体现。① 在一些有较大争议与分歧的领域，如人权、环境等，倡议网络发挥了重要而关键的作用，使处于不同境况的人们经过长期的交往与联系，形成了较为接近甚至相同的世界观与新观念，有利于行动网络由可能变为现实。

倡议网络的一个重要目标就是要推动自身权利的维护，这并非偶然。国家—政府既是权利的保障者也是权利的主要侵犯者。② 一旦国家—政府侵害权利或拒不承认权利，个人和国内社会组织在国内的合法范围内常常无法实现自身权利的维护，可谓是"求告无门"。在这种情况下，通过国际联系来表达他们的诉求甚至是保护生命安全往往成为个人和国内社会组织的最终选择。玛格丽特·E. 凯克、凯瑟琳·辛金克把这种作用模式称为"回飞镖模式"（具体见图 1 –2)③。

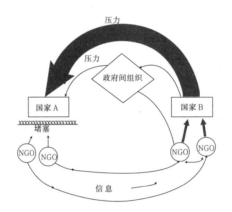

图 1 –2　回飞镖模式

资料来源：［美］玛格丽特·E. 凯克、凯瑟琳·辛金克：《超越国际的活动家——国际政治中的倡议网络》，第 14 页。

---

① Doug McAdam and Dieter Rucht, *The Cross – National Diffusion of Movement Ideas*, Annals of the Academy of Political and Social Science 528 (July 1993) , pp. 56 –74. 转引自［美］玛格丽特·E. 凯克、凯瑟琳·辛金克《超越国际的活动家——国际政治中的倡议网络》，韩召颖等译，北京大学出版社 2005 年版，第 11 页。

② Brian Doherty & Timothy Doyle, "*Beyond Borders*：*TransnationalPolitics*，*Social Movements and Modern Environmentalisms*"，Environmental Politics，Vol. 15，No. 5，November 2006，p. 698.

③ 图中的国家 A 堵塞了自己国内组织的改革诉求；这些组织因此启动了网络，网络成员们再向自己的国家或一个第三方组织施加压力，由它们分别向国家 A 施压。

代表跨国网络特点的"回飞镖模式"的出现是国家与其国内行为体之间的交流互动渠道被堵塞的必然结果。这种"回飞镖模式"的网络联系在人权运动、土著居民权利运动和环境保护运动中较为突出,它们往往存在这种三角关系。当然,这种互动联系对于南北双方也极为重要。因为对于第三世界的行为体来说,它们的力量往往较弱小,网络为它们提供了难得的机会、杠杆、信息和资金(靠自己的力量无法取得的);北方的社会团体或组织也会作出可信的保证,它们不仅是为了其南方的合作者而斗争,而且是在与它们并肩战斗。长此以往,这种关系就会形成非常大的影响力。① 其他问题领域同样也适用这一作用模式。

3. 世界社会论坛

20世纪90年代以来,全球化的蓬勃发展给世界带来发展的同时,也带来一些负效应,相应的反全球化的运动在世界范围内产生并呈现日益壮大的发展趋势。它吸纳、包容了诸如学生运动、土著居民权利运动、女权运动、反战运动、劳工运动等。在反全球化运动中以倡议有关全球化替代方案为目标的政策论坛日益为世人所关注,其中最为成功的当属世界社会论坛(World Social Forum)。

世界社会论坛(WSF)最早是作为世界经济论坛(World Economic Forum,WEF)的另一种选择而出现的。每年在瑞士达沃斯召开的世界经济论坛都有西方发达国家众多的政治经济精英参加,会上也会有一些推进全球化的方案出台。全球化运动的反对者认为,世界经济论坛是全球化的重要推动力,是新自由主义精神的传播者,反全球化运动也应该有类似的论坛表达自己的观点与精神,组织力量反对西方主导的全球化。② 2001年1月世界经济论坛在瑞士召开,与此同时,一些反全球化的组织通过积极的准备,提出应把社会公众的抗议活动与研究者的理性分析紧密结合起来,以便组织一次与新自由主义全球化经济论坛相对立的反全球化的国际论坛。③ 经过一段时间的商量与讨论,各方就召开反全球化的国际论坛达成了一致:从2001年开始,每年世界经济论坛在瑞士召开之时,反全球化的

---

① [美] 玛格丽特·E. 凯克、凯瑟琳·辛金克:《超越国际的活动家——国际政治中的倡议网络》,韩召颖等译,北京大学出版社2005年版,第15页。

② 刘金源、李义中、黄光耀:《全球化进程中的反全球化运动》,重庆出版社2006年版,第131页。

③ Immanuel Wallerstein, "*The Rising Strength of the World Social Forum*", Dialogue and Universalism, Vol. 14, Issue 3/4, 2004.

组织和人士就将在第三世界国家举行与之针锋相对的世界社会论坛。各方认为举办世界社会论坛的最为合适的地方是巴西的阿雷格里港（Porto Alegre），因为这个地方自 20 世纪 80 年代末以来一直为巴西左翼政党——劳工党所控制。劳工党在这个地方进行了植根于社会公众以"扩大公众参与，减少社会歧视"为目标的社会改革。① 同时这个地方是巴西为数不多的经济较好、人们生活水平与质量较高的城市之一，是民主管理资源的榜样。② 这样阿雷格里港就被确定为世界社会论坛第一会议的所在地。世界社会论坛——反全球化运动的新形式——就这样诞生了。

从 2001 年开始，每当世界经济论坛在瑞士达沃斯召开之时，世界社会论坛就会在第三世界国家召开。世界社会论坛对世界经济论坛的斗争采用的是远程对话与抗辩的非暴力方式，因而一般不发生正面冲突与暴力现象。目前，世界社会论坛已经举行了十届。第一、二、三届都是在巴西的阿雷格里港（Porto Alegre）举行，第四届论坛在印度孟买（Mumbai）举行，第五届又回到初办地阿雷格里港，第六届在马里首都巴马科（Bamako）举行，第七届在肯尼亚首都内罗毕（Nairobi），第八届论坛未在同一个地方举行而是由全球上千个地方团体在世界各地举行，第九届在巴西北部城市贝伦（Belem）召开，2010 年的第十届论坛在该论坛创建 10 年后第一次回到首次举办地——阿雷格里港举行。世界社会论坛的活动主要包括一些规模不等的大小会议、讨论会及报告会等。论坛参加者通过这些活动交流对全球化的认识与观点，探讨反全球化的斗争策略，寻求全球化的替代方案。③ 除了论坛活动的开展，每届世界社会论坛的组织者还会在论坛的开幕日和闭幕日发动声势浩大的游行与示威，大肆宣传各种反全球化的旗号与标语。可以说，目前世界社会论坛的核心任务就是就反全球化的共同议题进行探讨，这也是为各方所关注的焦点。

世界社会论坛的成立与发展，为各种各样的反全球化社会力量提供了一个平台，使这些社会力量能够加强交流与合作，从而能够协调行动，统一目标，更好地发挥联合斗争的效能。通过对十届世界社会论坛的考察，我们可以发现，它的确吸引了比抗议示威运动方式更多的反全球化力量。

---

① William F. Fisher and Thomas Ponniah eds. , *Another World is Possible*：*Popular Alternatives to Globalization at the World Social Forum*, London and New York：Zed Books, 2003, p. 5.

② 周小庄：《另一种世界是可能的》，载《读书》2004 年第 6 期，第 134 页。

③ 刘金源：《世界社会论坛——反全球化运动的新形式》，载《国际论坛》2005 年第 6 期，第 32 页。

众多的反全球化力量，如西方马克思主义者、学生、环境主义者、反战主义者、女权主义者、政治家、学者等被吸引与凝聚在"另一个世界是可能的"的旗帜下①。反全球化的队伍在不断的壮大。同时，作为一种新形式的反全球化运动，世界社会论坛代表了反全球化运动未来的发展方向。因为它更多地采用非暴力、理性与思辨的斗争方式②，使在"9·11"事件后被严重制约的反全球化运动得到恢复与发展。正如巴西学者埃米尔·萨德尔（Emir Sader）所说："世界社会论坛是反全球化运动的一个里程碑，它表明以往分散的、防御性的抵抗已经开始进入积聚力量、形成国际政治、社会和文化运动的联合，从而对抗新自由主义的新阶段。"③

（二）环境非政府组织与全球公民社会的关系论析

通过前面的分析，我们可以发现，全球公民社会的组成成分十分复杂。各种非政府组织、跨国社会运动、跨国倡议网络、世界社会论坛等公民社会力量都是全球公民社会的重要组成部分。从形成与发展的历史来看，非政府组织远远早于全球公民社会，公民社会组织的成长与全球化促生了全球公民社会。同时，全球公民社会的发展与全球化结合又进一步促进了非政府组织的发展。作为非政府组织一个重要类别的环境非政府组织与全球公民社会的关系更多地体现于非政府组织与全球公民社会的关系之中。它们二者既是部分与整体的关系，更是互动发展的关系。它们之间的关系主要体现在以下三个方面：

1. 环境非政府组织：全球公民社会的核心构成要素

环境非政府组织的主要兴起时间与非政府组织的兴起时间基本相同，都是在20世纪70年代。它们的兴起得益于"全球性的社团革命"的推进与普及，使得"在全球的每一个角落都呈现出大量的有组织的私人活动和自愿活动的高潮"④。环境非政府组织已经成为推动经济政治社会发展的重要力量，是除国家与市场之外的环境治理与保护的第三部门。它在地区与

---

① 刘金源：《世界社会论坛——反全球化运动的新形式》，载《国际论坛》2005年第6期，第32页。

② 同上。

③ ［巴西］埃米尔·萨德尔：《左派的新变化》，载《国外理论动态》2003年第4期，第16页。

④ ［美］莱斯特·萨拉蒙：《全球公民社会——非营利部门视界》，社会科学文献出版社2007年版，第4页。

全球环境问题治理中发挥着不可替代的作用，因此，环境非政府组织是不断发展中的全球公民社会的核心构成要素。

首先，环境非政府组织是全球公民社会中的社会公众参与环境治理与保护的重要平台。

随着公民社会的成长，特别是全球公民社会的发展，能够正常地参与国家与社会的治理应该是每一个公民应有的权利。但当前在世界各国中普遍采用的统一表达和参与方式已经不能满足现代社会多元化价值取向的发展要求，因此，分门别类的、专业化的社会表达和社会参与成为社会发展的必然要求。环境非政府组织恰好可以满足这一要求，实现社会个体之间以及社会个体与公民社会组织之间的交流与沟通。

全球公民社会作为独立于国家与市场之外的有组织的社会生活领域，特别是环境治理与保护领域，没有环境非政府组织的参与是不可想象的。环境非政府组织的存在与发展为具有环境保护意识的独立个体表达环境意愿，参与环境治理提供了一个不可替代的渠道和平台。同时，环境非政府组织也可以把这些分散的个体有组织地集中起来，发挥群体的力量来实现对环境的公共管理与环境治理监督的作用，这也进一步提高了分散个体的参与能力和水平。

其次，环境非政府组织是全球公民社会中的公民实现环境自治的有效形式。

全球公民社会具有自己独特的基本价值或原则，主要是：个体主义①、多元主义②、公开性、开放性、参与性和法治。相对于国家的独立性和自主权是全球公民社会最根本、最重要的特征。因此全球公民社会主张社会各个领域的自治，如地方自治、社团自治、环境自治、学校自治或社区自治等等。全球公民社会中的各种非政府组织体现了它的多元主义、开放性和公开性的基本原则。这些各种类型的非政府组织既为公民提供了参与社会治理的必要训练和机会，也为实现社会各领域的自治打下了良好的基础。通过环境非政府组织，全球公民社会获得了在环境领域相对于国家的独立性和自主权，进而可以防止市场体系对环境领域的侵蚀，抵御国家权

---

① 个人主义是西方公民社会的基石，它主张个人是社会生活的主体，公民社会和国家都是为了保护和增进个人的权力和利益而存在的。维护与发展人权是公民社会的首要原则。

② 多元主义要求个人生活方式的多样化、社团组织的多样性、思想的多元化。维系这种多元主义的是提倡宽容和妥协的文化。

力对环境领域的破坏，成为环境民主政治的牢固基石。

最后，环境非政府组织是培育全球公民精神的重要载体。

全球公民社会的发展与成熟离不开全球公民精神的培育。那样可以打破长久以来存在于人们头脑中的臣民意识，实现人们公民意识的长成，从而使民众具有独立的人格，能够独立自主地参与政治活动。另外，现代社会的发展要求每一个公民应当具有责任意识和公共意识，从而为社会的健康发展贡献自己的一份力量。

环境非政府组织的参与者之间是平等的政治关系，组织内部体现的是一种团结、信任和宽容的氛围。另外，环境非政府组织开展的各种环境治理与保护活动推动了组织成员团结合作的习惯和意识的养成，培养了他们的环境公共精神，因而环境非政府组织成为一个"公民共同体"。[1] 环境非政府组织开展活动的方式一般是通过组织网络来进行。由于参与者之间具有平等的权利与义务，加之网络的自愿性与平等性，这就使得参与者能够相互学习、尊重和受益。这就实现了成员与组织的互动发展，从而进一步改变了成员对利益和个人身份的认同，实现了环境公民意识和公民精神的培育。环境公民意识和公民精神也是全球公民精神的重要组成部分。因而我们说环境非政府组织是培育全球公民精神的重要载体。

2. 环境非政府组织是全球公民社会形成的重要推动力量

全球公民社会其实是一个多层面的逻辑系统。它的每个组成部分都是这个多层面的逻辑系统中的子系统，如全球环境公民社会、全球人权公民社会、全球反战公民社会等都是全球公民社会这个大系统中的子系统。环境非政府组织的形成与发展改变了传统的国家—政府环境治理模式，使环境非政府组织开始被纳入到国家与全球环境治理的范式中，成为当今国际社会中的一支重要影响力量。

日益严重的世界环境问题严重威胁着人类的生存与发展，共同构筑一个各方参与的世界环境治理机制与秩序是实现全球环境问题良好解决的基础与前提。然而，传统的国家—政府治理模式已经不适应全球化不断发展所提出的新要求。新技术革命所带来的通信方式的大改变使得世界各国人民及社会组织之间的联系成为可能，为全球环境公民社会的发展奠定了技术基础。因此，在跨国环境关系不断发展的今天，环境非政府组织尤其是国际环境非政府组织得以得到更多的环境治理参与机会，并在其中发挥了巨大的作用。其中国际环境非政府组织在跨国活动、价值目标、公益性、

---

① ［美］罗伯特·布坎南：《使民主运转起来》，王列、赖海榕译，江西人民出版社 2001 年版，第 102 页。

运作规范及组织性等方面所具有的优势使得它对全球环境治理的影响力越来越大，推动了环境治理的民主化程度，这就从根本上促成了全球环境公民社会的形成。正如保罗·韦普纳（Paul Wapner）所说："国际环境非政府组织推动了正在形成中的全球环境公民社会，作为全球环境公民社会的重要推动力，国际环境非政府组织以自己特有的优势促进了全球环境公民社会的更加完善。"① 当然，环境非政府组织的运作灵活与高效也进一步增强了全球环境公民社会的生命力。

3. 全球公民社会的成长是环境非政府组织发展的重要保障

"随着人类社会发展所带来种种问题的凸显，作为一种独立的社会政治领域的全球公民社会（GCS）的成长有效地弥补了国家能力的不足。"② 当今的国际社会正在被不断发展的全球公民社会逐渐影响和改变着，"尽管它的影响力远不如国家更有力，但它的努力却十分必要和有益，特别是对环境问题更是如此"③。全球公民社会的发展与运行可以广泛地影响公众对环境问题的理解和行为方式，从而聚集力量产生公众效应，最终在非政府的社会领域确立和激发治理机制、规范人们的社会行为。

环境非政府组织的发展是以其影响的扩大特别是全球影响的扩大为基础与前提的。而要扩大影响特别是全球影响，就需要在国际、国家（地区）层面上的有效结合。实现国际、国家（地区）层面上的有效结合涉及环境非政府组织如何跨越地理、政治和文化的边界。全球公民社会的发展可以促进环境非政府组织在两个层面上的有机结合，实现环境非政府组织的"纵向联盟"和"横向联系"④。这样就使环境非政府组织所倡导的理念与价值推广到世界范围，扩大了它们在世界上的影响力，为它们的发展提供了机会与平台。在全球化的时代，全球公民社会的成长对于环境非政府组织的发展可谓至关重要。

---

① Paul Wapner, "*Politics Beyond the State: Environmental Activism and World Civic Politics*", World Politics 47, April 1995.

② 蔡拓、王南林：《全球治理：适应全球化的新的合作模式》，载《南开学报》2004 年第 2 期，第 65 页。

③ 俞可平：《全球化：全球治理》，社会科学文献出版社 2003 年版，第 182 页。

④ "纵向联盟"主要是指国内环境非政府组织和国际环境非政府组织之间的联系。"横向联系"是指环境非政府组织的参与主体之间的联系，同时也指不同地区环境非政府组织之间的联系。

第二章
环境非政府组织在环境治理中的基本作用

自 20 世纪以来，随着工业化及全球化的推进，环境问题已经迅速发展为波及世界各国的全球性问题。全球环境问题所具有的跨国性、整体性、复杂性和长期性的特点决定了全球环境问题的治理不是任何一个国家能够单独完成的，需要国际社会各种行为体的全面而协调的合作。特别是作为全球环境治理的主要行为体——国家（政府）在环境治理中的局限性日益显现，而环境非政府组织作为一种非国家行为体已经成为全球环境治理的一支重要力量，其在全球环境治理与保护领域中的作用日益凸显，空间也得到了前所未有的拓展。环境非政府组织在环境治理中的基本作用主要体现为以下五个方面：

一　充分发挥自身特点与优势进行环保活动，是环境治理的积极参与者

环境非政府组织具有其他环境治理行为体所不具有的特点及优势。它具有公益性强、公众参与性强、专业性强、信息灵通以及机制比较灵活等特点，而且在一定程度上它也可以跨越主权国家利益和疆域的束缚，这就使得它成为环境治理与保护中一支不可替代的重要力量。环境非政府组织在制度上与国家分离①，因而，环境非政府组织的权威来源也与国家不同，它所依靠的是由"道义、规范、知识和信息而产生的权威，是一种'软权

---

① ［美］莱斯特·M. 萨拉蒙等：《全球公民社会——非营利部门视界》，社会科学文献出版社 2007 年版，第 3 页。

力'"①。这就使得它可以不受制于国家，可以单独处理自己的事务，发挥它们在环境治理中的积极作用。

（一）利用自身优势为政府及政府间组织提供环境信息

环境的治理与保护是一项专业性、科学性很强的工作。能够及时准确地了解并掌握有关环境的各种有效信息是主权国家及政府间国际组织做出环境决策，采取相关环境行动的前提与基础。没有大量、准确并有效的环境信息，要实现环境政策制定的科学化是不现实的。主权国家政府所需要的环境信息主要有两个方面：一是环境污染的危害性评估以及给国家带来的环境安全威胁的信息，从而成功实现安全预警及预防措施；二是环境问题出现后，如何实现环境破坏及危害最小化的相关信息，从而实现环境政策的正确确立与正当实施。主权国家政府或政府间国际组织由于自身的局限性使得它们不能对出现的环境问题作出迅速而又有效的反应，使得环境问题的妥善处置失去最佳时机。环境非政府组织在相关的环境信息的收集、处理等方面所具有的优势可以有效弥补主权国家政府和政府间国际组织在这方面的缺陷。

环境非政府组织一般都是由环境治理与保护等相关领域的专业人员和志愿者组成。他们有着丰富的信息处理和分析经验，在环境治理与保护等相关方面的专业知识和对环境问题的关注程度是很多政府官员甚至是环境领域的政府官员所望尘莫及的。因而他们成为很多政府间国际组织和政府的信息咨询者和建议人。他们在深入调查与科学分析基础上提出的相关建议或意见是具有一定的合理性和可信性的。而且，他们为政府或政府间国际组织提供的专业信息、知识和建议对主权国家政府或政府间国际组织往往具有非常重要的参考价值。如，在全球环境问题上，联合国就经常向一些环境非政府组织寻求帮助，在 20 世纪 80 年代后，更是与环境非政府组织建立起常设性咨询机制。还有，联合国环境规划署（UNEP）每隔几年就发布一次《全球环境展望》（*Global Environment Outlook*）。这一环境报告被认为是世界上最全面和权威的全球环境状况评估报告之一，其中的大量研究和检查结果就是来自如国际环境与发展研究中心（International Research Center for Environment and Development）、世界观察所（World Watch

---

① 王杰、张海滨、张志洲：《全球治理中的国际非政府组织》，北京大学出版社 2004 年版，第 121 页。

Institute）等环境非政府组织的相关研究数据。《联合国千年生态系统评估》（*The UN Millennium Ecosystem Assessment*）的环境状况评估报告的资料来源主要也是由环境非政府组织和一些学术研究机构提供的。①

另外，环境非政府组织的信息发布实现了定期制与制度化。它们经常定期将一些不为公众所知但又威胁世界环境的信息公布于众，或是把较小范围流行的信息扩大传播，从而使主权国家做好科学处置即将造成的环境污染的充分准备。例如，绿色和平组织就定期把全球各个国家或地区的大气污染状况、臭氧层破坏状况等环境指标发布出来，并组织有关的环境专家学者对这些指标进行分析、研究从而指出正在发生的环境恶化将要造成的直接和间接的消极后果，把这些结果反馈给各个主权国家政府。这就为这些主权国家政府制定有针对性的环境政策提供了准确、可靠和充分的依据。②

（二）利用自身特点与优势协调环境治理主体间的分歧

环境问题是一个事关世界各国人们生存与发展的关键问题，一旦解决不好，往往会带来各种各样的消极后果。环境的污染损害具有时间性。因为，环境污染往往带有隐蔽性，环境的损害是一个渐进积累的过程。因此，对环境的污染与破坏发现得越早越好。及时的环境治理可以减少地区环境（如土地、水资源）的恢复与改善的时间。因为环境的破坏一旦不能及时解决，其消极影响会随着时间的延续不断地加深，这就严重危害了我们自身的生存与发展条件，也更严重地危及子孙后代的生存与发展。③

另外，环境问题的空间效应十分明显，这给环境治理带来很大的阻力。这主要体现在：首先，环境影响在空间上具有不均匀性。离污染源越近的国家或个体所受的损失就会越大，因而，离污染源的距离成为环境治理主体进行环境治理动力大小的决定因素，距离污染源越近，动力越大，反之则越小；其次，环境污染的影响空间具有可转移性。环境是一个具有整体性特征的生态系统，具有密切的关联性，如果环境污染受害者不能制止污染源头的不法行为，那么他将有可能把这种环境危害加以转移，转嫁

---

① Clark, Ann Marie, "Non – governmental Organizations and Their influence on International Society", *Journal of International Affairs*, Vol. 48, No. 2, Winter 1995.

② 绿色和平组织网站，http：//www. greenpeace. org。

③ 顾金土、杨贺春：《乡村居民的环境维权问题解析》，载《南京工业大学学报》（社会科学版）2011 年第 2 期，第 84 页。

给其他个体①，如水污染事件中经常就出现这种现象。

因此，环境问题所有的时间性、空间性造成环境问题的利害关联性，即与环境问题所在国或地区一般对有害于自身的环境问题密切关注，积极采取治理措施，与环境损害不相关的国家则漠不关心。再有，主权国家一般更为关注的是本国的经济发展指数，为了实现自己国家的经济快速增长甚至不惜牺牲自己国家的环境权益，这在发展中国家表现得更为突出。当然也有一些发达国家为了自己的一国私利把对世界的环境责任推卸一旁。如美国的小布什政府拒签《京都议定书》就是一个最好的例证。这就使得环境问题与治理带有极强的利益性和复杂性，使得环境的公益性与国家及地方政府的利己性矛盾极为突出，造成它们在环境治理方面产生各种各样的分歧，很难达成为各方认同的措施，进而实现行动一致性。然而，全球环境问题的解决需要世界各国或地区以及民间社会的协调合作。这不仅需要在公民社会与国家（政府）、市场（企业）之间进行协调与合作，更需要世界各国政府之间进行协调与合作，从而实现各国环境和世界环境的有效治理，达到世界环境的"善治"②。环境非政府组织特别是国际环境非政府组织在制度上与国家的分离使得它们成为一种超越国家之上的行为体。它们在环境治理与保护中能够较好地协调主权国家或地区之间以及国家内部的各种关系，促进彼此的了解，进而实现它们的环境合作。可以说，在全球环境治理中，环境非政府组织充当了一个组织协调的第三方，它为世界各国或地区、国家内部各方之间的交流与合作搭建了一个好的平台和活动场所，可以较好地实现环境治理各方的意见协调并进而达成环境治理的章程与准则。

---

① ［美］威廉·J. 鲍莫尔、华莱士·E. 奥茨：《环境经济理论和政策设计》，严旭刚译，经济科学出版社 2003 年版，第 32 页。

② 善治，就是良好的治理，是政府与公民对社会的合作管理。追求"善治"被视为世界各国政府的共同目标，不同政治制度下的政府都希望有更高的行政效率，更低的行政成本，更好的公共服务，更多的公民支持。西方发达国家和重要的国际组织纷纷制定出自己的与"善治"密切相关的政府治理评估标准和指标体系。不仅如此，其中一些国家和国际组织还试图以它们的标准测评其他国家的治理状况。一般认为，善治具有五个基本要素：合法性（legitimacy）、透明性（transparency）、责任性（accountability）、法治（ruleoflaw）和回应（responsiveness）。转引自互动百科 http://www.hudong.com/wiki/%E5%96%84E6%B2%BB。

（三）利用自身特点与优势积极开展环境治理与保护活动

环境非政府组织在利用自身特点与优势在给政府及政府间国际组织提供信息服务、协调环境治理主体间分歧的同时，也在积极地利用自己在信息、公众参与性高、灵活性等方面的特点与优势积极地开展环境治理与保护的各种活动，为世界各国及全球环境治理作出了自己独特的贡献。

环境非政府组织通过开展各种宣传活动，极大地推动与促进了社会公众在环境保护领域的参与活动。如，印度的万纳莱（Vanna Lai）环境非政府组织就通过自身的特点与优势开展了一系列的环保活动。这一组织是印度民间环境非政府组织中规模和影响都比较大的一个。其在全国的12个邦里有2700多个分支机构，多达3万多名志愿者参与其中的工作。这一组织在20世纪90年代开始以农村环境保护为重点，发起了"为了农村发展和绿化的人民运动"项目。这一活动涉及内容较多，既包括保护水资源与森林资源、科学利用土地资源等内容，还包括了科技培训与技术致富等方面的内容。① 印度万纳莱环境非政府组织亲自组织各种社会力量在印度一些水土流失比较严重的地区和因水污染而废弃的河流进行生态环境治理，通过把这些治理项目作为示范工程来引导当地农民进行环境保护。这些活动的开展使得印度很多受污染和水土流失较严重的河流得到了及时治理，使这些河流的生态功能得到恢复，得到印度农民的广泛而持久的认可。另外，其开展的"为了农村发展和绿化的人民运动"活动，积极推动了印度农民的植树造林热情。在这一组织的十余年的植树造林带动下，昔日的很多荒山披上了绿装，大量的森林资源得到了较为有效的保护。仅万纳莱环境非政府组织就在马哈拉施特拉邦就种植了2亿多棵树，由此可见这一环保组织开展活动的力度和广度。②

环境非政府组织拥有充足的资金来源，尤其是一些大型的国际环境非政府组织。如1996年的绿色和平国际组织的资金预算近2600万美元，1995年塞拉尔俱乐部（Sierra Club）的资金预算达到4300万美元。③ 这就使得环境非政府组织可以充分利用自身资金的便捷开展对环境保护的资助活动，如，世界野生物基金会（World Wide Fund For Nature）在20世纪80年代初至90年代初的十余年间，给世界各地的至少2000多个项目资助了近6300万美元。其在美国的分部仅在1991年就给63个国家的470多个项

---

① 何惠明：《印度的环保NGO》，载《环境》2006年第2期，第89页。
② 同上。
③ Thomas Princen and Mathias Finger, *Environmental NGO in World Politics: linking the local and the global*, London & New York: Routledge 1994, p. 34.

目资助了近 1300 万美元。①另外，如发达国家的环境非政府组织在 1959 年一年就对发展中国家的环境治理与保护项目捐助资金达 64 亿美元，这一数目占到了当年世界全部社会发展援助资金的 12%。② 这些资金援助对资金不足的发展中国家显得尤其重要。而且还有很多国家和国际机构的援助资金是通过环境非政府组织来发放的。

二 影响主权国家及政府间国际组织的环境政策 制定，是环保政策的积极推进者

影响国家—政府及政府间组织的环境政策和环境行为是环境非政府组织的重要目标。当然，现在也有越来越多的国家（政府）和政府间组织允许和欢迎环境非政府组织参与环境治理与保护的活动。一国政府或政府间组织的环境政策的形成与实施以及政府的环境活动或行为是否与环境保护理念一致，往往与环境非政府组织有着直接的关系。拥有强大环境社会力量的环境非政府组织既是主权国家与政府间组织环境政策的影响者，也是其环境治理与保护落实的有效监督者。

环境非政府组织与主权国家及政府间国际组织有着截然不同的属性。它不以谋求政治权力为目标，因而也不愿意成为国家—政府体制的一个组成部分。但这不代表着它们对主权国家及政府间国际组织的环境决策漠不关心，它们往往对此都很重视。但现实的情况是当今的国际体系中还缺乏环境非政府组织直接参与环境决策的机制。这就使得环境非政府组织往往通过一些非正式机制的形式，如参加政府和政府间国际组织发起的会议活动，通过媒体等形式发起环境倡议，通过各种活动或社会运动组织民众进行直接抗议等，参与到环境决策的过程中，力争把自己的环境观点与主张体现在主权国家政府或政府间国际组织的环境决策中。③ 当然，环境非政府组织自身结构和活动方式的灵活性使得它们可以获得广泛而有效的信息，对问题反应迅速，能够更早地察觉某些环境问题的存在，进而通过各种方式引起主权国家或政府间国际组织的重视和妥善解决。这也使得主权

① Thomas Princen and Mathias Finger, *Environmental NGO in World Politics*: *linking the local and the global*, London & New York: Routledge 1994, p. 34.

② Ibid. .

③ M. R. Auer, "*Who participates in global environmental governance? Partial answers from internationalrelations theory*", Policy Sciences 33, 2000, pp. 156 – 157.

国家和政府间国际组织逐渐认可和重视环境非政府组织的作用，这也是环境非政府组织能够对主权国家和政府间国际组织环境决策与环境行为施加影响的基础。

（一）通过谋求参加政府和政府间国际组织发起的活动与会议，对它们环境政策的创设施加影响

环境非政府组织通过谋求参加政府和政府间组织发起的会议与活动，可以广泛地表达自己的环境观点与主张并使它们为世界各国政府和政府间国际组织所熟知，进而有机会对主权国家政府和政府间国际组织的环境政策创设和环境活动施加影响。特别是在国际会议的发起准备阶段和会议召开过程中，环境非政府组织能够对主权国家政府和政府间国际组织施加重要的影响，往往能更好地把自己的环境观点与主张体现在官方的环境决策和环境法律文件中，可以说是间接地参与了国际环境决策的过程。作为当今世界上最大的、最具权威的政府间国际组织——联合国召开的一些国际环境和发展会议往往就有大量的环境非政府组织参加。从 20 世纪 70 年代以来形成了环境非政府组织以联合国的国际环境和发展会议为中心而建立的联系机制。每当联合国召开国际环境和发展会议时，在同一地点和同一时间内，环境非政府组织往往会举行同样议题的国际论坛。这是联合国环境与发展国际会议提供给环境非政府组织表达自己主张的平台，实现二者之间的有效交流，这也是环境非政府组织影响联合国环境决策的一个重要形式。这一模式自 1972 年在瑞典斯德哥尔摩召开的联合国人类环境大会上确立后，一直沿用至今。[①] 1992 年在巴西里约热内卢举行的联合国环境与发展大会上有近 7900 个非政府组织参加大会，其中的近 1200 个获得了观察员身份，并首次获准可以在大会上发言。在这次大会召开期间，环境非政府组织对世界各国政府的代表进行了多方游说，表达了它们对世界环境问题与人类发展问题的看法与观点。另外，在同时间召开的非政府组织论坛上，各种非政府组织举行了多次正式会议和非正式会议，向大会提供了 30 多个自己起草的模拟条约文本，并有相当多的一部分内容被大会官方所采用和吸纳。大会正式通过的《21 世纪议程》和《环境与发展宣言》中环境非政府组织的主张得到了最大限度的体现。自此，每次联合国环境与发展会议都会有环境非政府组织的积极参与。

---

① 顾建光：《非政府组织的兴起及其作用》，载《上海交通大学学报》（哲学社会科学版）2003 年第 6 期，第 27 页。

（二）倡议自己的环境观点与主张，影响主权国家政府环境决策

环境非政府组织不但通过谋求参加政府和政府间国际组织发起的活动与会议来表达自己的环境观点与主张，还通过报纸、电视、广播、网络等大众传媒来表达自己的环境价值取向和观点主张，从而引起公众的关注与重视，影响公众舆论导向。它们也通过举行信息发布会和学术讨论会、座谈会等形式影响公众的环境意识和观点。在传统的信息传播模式时代，这些方式可能起到的作用不是很大，但网络技术的发展与普及使得信息的流动更加迅速、范围更加广大，影响也更大与突出。如地球之友对"食品安全"比较关注，尤其是转基因食品的安全。它认为现代生物基因技术对社会和环境造成了极大的消极影响，通过转基因技术生产出的食品是对自然规律的严重违背，对人类的健康与生产环境都造成了危害，因而要求以美国为首的西方发达国家停止对转基因技术的经费投入，停止研发、生产和出口转基因食品。为此，地球之友在 2000 年发动了百余个国际非政府组织一起谴责美国对引起健康问题的转基因玉米的开发与出口，要求美国停止生产与出口这种转基因玉米。同时，它又公布了一份泄密文件来揭露以美国为首的发达国家威胁与报复试图禁止进口转基因食品的一些小国的事实。另外，地球之友通过开展各种教育活动，让社会公众认识到转基因食品的危害，并帮助他们鉴别转基因食品。① 在地球之友的努力下很多发展中国家专门制定了有关转基因食品的法律与政策，一些发达国家也减少了对转基因技术的扶持力度。

（三）直接作为国家谈判代表参与环境谈判进程，进而影响国家环境政策走向

环境非政府组织经过多年的发展，它们的作用正逐步为主权国家及政府间国际组织所认可。一些主权国家政府开始承认环境非政府组织的合法地位，允许它们的合法存在，同时还被允许参加政府环境谈判进程——作为谈判代表团的成员，参与国际环境机制的建立。如，美国、英国、澳大利亚和加拿大等国就把环境非政府组织吸收进它们的政府组织代表团，参加联合国环境与发展大会的预备性会议。② 像瑞典、丹麦、澳大利亚及加拿大等国家也组织环境非政府组织参加其国际气候变化谈判代表团。在

---

① 孙茹：《地球之友》，载《国际资料信息》2003 年第 1 期，第 37 页。

② Gareth Porter and J. ，*Welsh Brown*，*op. cit*，p. 58.

《京都议定书》①（Kyoto Protocol）的制定、谈判及最后签署过程中，国际环境法律和发展基金会（Foundation for International Environmental Law and Development，FIELD）就参加了小岛屿国家联盟②（AOSIS）的代表团并参与了环境谈判。③ 我们暂且不看环境非政府组织就主权国家政府的影响力究竟有多大，能够有机会直接参与国际环境变化谈判就说明了主权国家及政府间国际组织对它们的重视。这对于它们国际环境谈判的经验积累十分有益，同时也有机会改变主权国家政府的环境谈判立场。另外，环境非政府组织也常常借助参与国际环境谈判的机会，把谈判过程中的各种情况和各国家的谈判立场进行有效处理后公布在自己的刊物上，推动了国际环境谈判的透明性和国际环境机制的创立。④ 这也成为世界各国的学者、研究者及社会民众了解国际环境谈判的一个重要途径。

（四）通过社会运动或各种活动组织民众进行抗议与斗争，从而影响政府的环境决策与环境行为

社会运动的产生根源于社会的不均衡状态，如机会的不均等、社会的流动性停滞、贫困极端化等。早在 19 世纪和 20 世纪早期就有社会运动的发生。早期的社会运动形式主要是工人运动和妇女解放运动。社会运动的产生迫使主权国家政府采取各种措施来解决社会问题，缓解社会紧张气氛，从而推动了社会由不均衡状态到均衡状态的转变。社会运动的有效成果吸引了环境非政府组织借鉴和采取这种方式，组织环境运动在世界范围

---

① 《京都议定书》（英语：Kyoto Protocol，又译《京都协议书》、《京都条约》，全称《联合国气候变化框架公约的京都议定书》）是《联合国气候变化框架公约》（United Nations FrameworkConvention on Climate Change，UNFCCC）的补充条款。1997 年 12 月，联合国气候变化框架公约参加国第三次会议在日本京都制定。其目标是"将大气中的温室气体含量稳定在一个适当的水平，进而防止剧烈的气候改变对人类造成伤害"。具体参见维基百科 http：//zh. wikipedia. org/wiki/% E4% BA% AC% E9% 83% BD% E8% AE% AE% E5% AE% 9A% E4% B9% A6。

② 小岛屿国家联盟（AOSIS），是受全球变暖威胁最大的几十个小岛屿及低海拔沿海国家组成的国家联盟，"它的角色定位是，在联合国框架内，作为一个游说集团为小岛屿发展中国家发出声音"。

③ Sebastian Oberthur and Hermann E. Ott，"*The Kyoto Protocol：International Climate Policy for the 21st Century*"，Berlin，Springer，1999，p. 31.

④ Thomas Risse‐Kappen，ed. ，*Bringing Transnational Relations Back in：Non‐State Actor，Domestic Structure and International Institution*，Cambridge，UK：Cambridge University Press，pp. 3‐33.

内开展。环境非政府组织通过组织民众参加环境社会运动给那些对生态环境造成严重破坏的个人和组织施加压力，迫使他们停止对环境的破坏。同时也影响政府采取相关环境政策和措施禁止个人和组织对生态环境的破坏。另外，环境非政府组织也采取游行示威、静坐的方式抗议环境破坏者的不法行为，或通过自己的技术优势把一些不为人知的环境恶化状况公布给普通民众，揭露事实真相，这从某种程度上也对主权国家政府环境政策的制定与实施产生了重要影响。① 如，以"非暴力直接行动"为显著特色的绿色和平国际组织就经常组织一些如亲临现场体验的活动来让民众亲自见证被破坏的环境，从而唤起人们对环境问题的关注，进而通过民众的力量对政府施加压力，迫使政府采取相关的环境治理政策与措施。环境非政府组织通过这些方式表达的环境观点与主张往往能反映在政府制定的政策中，在环境政策的实施过程中往往也邀请它们参与其中。

三　促进国际环境法的发展，是国际环境法律机制创新的引领者

环境非政府组织对国际环境法的发展和国际法律机制的创新都产生了极为重要的影响。它对国际环境法的影响是多方面的，既有国际环境法的创制与编纂方面、国际环境法的实施方面、国际环境诉讼方面的重要影响，更有国际环境法律理念与机制创新方面的重要影响。

（一）环境非政府组织积极参与国际环境法的创制，促进国际环境法的发展

环境非政府组织随着其国际法律地位和作用的不断提升，其在国际环境法创制中的功能愈来愈凸显，作用越来越大。国际美国研究学会前任主席、牛津大学教授保罗·吉尔斯（Paul Giles）认为："环境非政府组织特别是国际环境非政府组织正在逐渐成为国际法行为体，是国际环境法创制的积极参与者。"② 作为正在形成发展中的国际行为体——环境非政府组织的国际地位越来越高。很多国际会议特别是联合国召开的重要会议都积极

---

① 刘传春：《国际政治中的非政府间国际组织》，载《国际论坛》1999 年第 6 期，第 6 页。

② ［美］保罗·吉尔斯：《国际市民社会——国际体系中的国家间非政府性组织》，载《国际社会科学杂志》（中文版）1993 年第 3 期，第 111 页。

吸纳环境非政府组织的参加并积极听取它们的环境治理及保护观点与方法。很多国际环境非政府组织甚至被联合国经社理事会赋予了"顾问地位"。这就使得环境非政府组织在国际环境法创制中可以更好地表达自己的观点与看法，发挥更大的影响力。而且，环境非政府组织拥有其他国际行为体所不具有的专业知识和组织优势，可以通过发挥自身优势积极参与有关国际环境治理与保护公约（条约）的起草与制定，从而实现国际环境法的科学创制与发展。可以说，环境非政府组织从国际环境法议题的确立到相关环境法律问题的咨询，再到国际环境条约的谈判与缔结的各个阶段都参与其中并发挥了巨大的作用。如，国际自然保护联盟（IUCN）针对"二战"后的野生物种国际贸易导致的野生物种的大量减少问题，它们在1963年提出要制定一项公约来加以限制野生物种国际贸易实现对野生物种的保护，并亲自起草了条约草本并为条约的最终签署做了大量的工作，最终实现了条约的签署生效。伦敦国际法环境中心（London Environment Centre of International Law）就作为环境非政府组织的代表积极参与了《京都议定书》的准备工作，并且参与了条约签署的谈判工作。

另外，环境非政府组织创制的有关环境领域的行业标准、惯例、示范等为国际环境法的发展提供了新材料与新范本。① 这些由环境非政府组织所制定的行业标准、商业惯例等也被称为"软法"②。这种软法一方面在某种程度上可以补充国际环境法的不足，充当国际环境法的替代物，另一方面在某种时候它可以被国家或政府间国际组织认可并转化为国内环境法或国际环境法。

（二）环境非政府组织积极促动与监督国际环境法的实施与落实，保证了国际环境法的有效运行

环境非政府组织不但通过各种方式影响国际环境法的创设，而且还对国际环境法的实施与落实情况进行有效监督，并通过此类活动凸显自己的作用。换言之，正是环境非政府组织通过各种方式督促主权国家政府及政府间国际组织落实与执行有关环境治理与保护的国际条约和协议，使得它

---

① C. M. Chinkin, *The Challenge of Soft Law: Development and Change in International Law*, International and Comparative Law Quarterly, 1989. pp. 851-852.

② 所谓"软法"是指由国家缔结但仅规定"软义务"的国际条约、政府间国际组织通过的决议和守则以及由非政府力量制定的示范法、商业惯例和行业标准等。具体参见 C. M. Chinkin, "*The Challenge of Soft Law: Development and Change in International Law*", International and Comparative Law Quarterly, 1989. pp. 851-852。

们成为环境政策与措施落实的有效监督者。

环境问题是一个涉及多方面的复杂问题，世界各国为了实现环境问题的妥善解决进行了多种努力与尝试。它们通过召开各种政府间国际会议进行有关环境问题的讨论、磋商并对一些环境问题的解决达成了协议，并签署了条约。如果这些关于环境问题解决的协议和国际条约能够得到真正的落实与执行，必然会极大推动全球环境问题的妥善解决，然而现实的情况是这些国际条约与协议很多并没有得到真正地落实与执行，并没有对实际的经济与社会产生多大的影响，更谈不上从根本上消除造成环境破坏的根源。一个有益于环境治理与保护的国际条约和协议的达成非常不易，往往需要与会各国长时间的协商、妥协，最后达成。但关于环境治理与保护的国际条约和协议的如期实施与落实则难度更大，与条约和协议的达成相比可谓难上加难。往往在很多时候条约和协议签署了，但主权国家政府由于国家利益的利己性使得它们对条约和协议的实施动力不足，往往不能如期履约和承担它们应该承担的责任。这为环境非政府组织提供了开展活动的领域和目标，它们往往通过各种方式来对主权国家政府进行监督、揭露、批评和谴责，从而督促主权国家及政府间国际组织对有关环境治理与保护的国际条约和协议的落实与执行。

环境非政府组织采取的活动方式多种多样，有效地督促主权国家及政府间国际组织对有关环境治理与保护的国际条约和协议的落实与执行。地球之友为了阻滞全球气候恶化的趋势，竭力要求各国尤其是发达国家减少温室气体排放，赞成《京都议定书》的签署与实施。但美国政府为了自己的一己私利始终不肯接受这一协议，小布什政府更是直接拒绝签署。为了促进《京都议定书》的生效，地球之友欧洲分部在 2001 年 4 月组织了数千人潮水般地向美国白宫发送电子邮件，抗议美国政府拒绝签署《京都议定书》。同年 6 月，在瑞典哥德堡举行的欧盟首脑会议上，地球之友欧洲分部又组织了有 15000 多人参加的游行示威，要求欧盟在环境问题上发挥领导作用，应该单方面批准《京都议定书》。世界自然保护联盟（IUCN）通过各种方式在促成了《濒危野生动植物物种国际贸易公约》（Endangered Species of Wild Fauna and Flora International Trade Convention）的签订后，为了能够使《公约》①得到真正实施，世界自然保护联盟与世界自然基金会（WWF）合作于 1976 年成立了"野生动植物国际贸易记录分析委员会"

---

① 《公约》是《濒危野生动植物物种国际贸易公约》的简称，为了行文方便用此简称。

（Wild Fauna and Flora International Trade Records Analysis Committee），后又在 1983 年成立了"自然保护检测中心"（Conservation Testing Center）来对《公约》各签署国进行监督，督促它们切实履行自己的义务。另外，世界自然保护联盟还通过编制世界性的动植物红皮书、公布野生动植物研究报告和发表野生动植物保护的声明等各种方式来参与监督《公约》的落实与执行的活动。从另一个角度说，也促进了《公约》的进一步完善和发展。

（三）环境非政府组织积极参与国际环境诉讼，维护了国际环境法的真正效力

由于目前的国际司法体制的局限，环境非政府组织只被允许参加有关咨询意见的案件诉讼过程，而被禁止参与有关涉及诉讼程序的案件。尽管在大多数的国际环境诉讼中，环境非政府组织不是直接利益方，无法作为独立的诉讼主体参与国际环境诉讼过程，但它可以作为国际环境诉讼直接利益方的代表或法律顾问参与国际环境诉讼程序和过程。环境非政府组织周围凝聚了一大批环境保护专业人士。这就使得环境非政府组织可以用自身的专业知识优势为国际环境诉讼的直接利益方提供专业的法律咨询服务，帮助国际环境诉讼中的弱势方（或受害方）搜集相关证据，帮助他们顺利实现国际环境诉讼的启动。在进入正式的国际环境诉讼程序后，环境非政府组织可以发动各方力量，积极维护国际环境诉讼中的弱势方（或受害方）的合法权益，维护国际环境正义的实现。可以说，环境非政府组织在国际环境诉讼中的作用已经不可替代，尤其是存在着诸如国际诉讼案件大量增加，存在某些政治偏见、当事方为自身利益而忽视公共利益等问题的情况下，环境非政府组织以"法庭之友"的角色或身份参与国际环境诉讼案件就显得愈加重要。当前许多的国际司法组织都采用了这一模式，这就使得国际环境法的效力得到真正实现，也进一步促进了国际环境法的发展。

同时，在政府间国际组织或主权国家间的国际环境争端解决机制中，环境非政府组织经常以"法律顾问"的身份或角色参与政府间国际组织或主权国家间的国际环境争端解决过程。比较典型的案例是"海龟—海虾"案①。在这一国际争端中，大量的环境非政府组织特别是一些大型国际环境非政府组织，如绿色和平国际组织、世界野生动物基金会（World Wildlife Fund）等，都积极关注这一争端。为实现这一争端的和平解决，环境非政府组织通过召开各种研讨会、分析会、座谈会等形式从技术上和法律的角度提出了许多解决这一争端的重要建议，甚至把一些相对可行、成熟的建议形成书面报告材料主动提交给专门为解决这一争端而设立的专家小组。尽管历经曲折，环境非政府组织的一部分书面法律与技术建议还是被专家小组所采用。随着环境非政府组织国际法律人格和法律地位的逐渐提升，其在国际环境诉讼中的作用就更加显著，参与的程度也将更加深入。

（四）环境非政府组织促进国际环境法理念创新，是国际环境法发展的引领者

环境非政府组织不但在国际环境法的创制、监督实施以及国际环境诉讼过程与程序的参与等多个方面促进了国际环境法的成长与发展，而且在国际环境法理论创新方面也发挥了巨大的作用。国际环境法中的许多基本理念都是在环境非政府组织的积极推动下形成并被贯穿于国际环境法的制定过程中的。如在 1972 年瑞典斯德哥尔摩联合国人类环境与发展大会上确立的可持续发展原则就是由环境非政府组织率先提出，并把这一理念提交给大会通过的。

在全球化的时代背景下，要实现对具有跨国性和复杂性特点的全球环境问题的解决，既要有发达国家与发展中国家政府的共同努力，也需要全世界社会公众的共同努力。因此，公众要求获得环境问题治理的知情权、参与权及法律救济权等各项权利的呼声越来越高。然而，主权国家及政府间国际组织提供的服务与民众的期望与要求之间的差距却越来越大。环境

---

① "海龟—海虾"案是 1996 年，美国政府以保护海龟为由禁止进口印度、马来西亚等国的虾和虾制品，这些国家为此向世界贸易组织提起申诉。美国政府认为海龟是《濒危野生动植物物种国际贸易公约》（Convention on International Trade in Endangered Species of Wild Fauna and Flora，CITES）中所包含的濒危物种之一，印度、马来西亚等国在捕捞海虾的同时对海龟造成了实质性损害。具体参见侯成智《国际环境非政府组织与国际环境法的发展：参与·创新·推动》，硕士论文，山东科技大学，2010 年，第 16 页。

非政府组织与基层民众有着密切的联系，可以较好地把民众的各种诉求与要求加以吸纳、整合，更加全面、真实地反映社会公众的愿望。环境非政府组织通过各种方式把这种民意以基本法律理念的形式传递给主权国家政府及政府间国际组织，从而实现国际环境法法律理念的不断创新。

另外，全球环境是人类共同所有的财产，世界各国应该承担各种相应的权利与义务。然而在国际环境体制中存在着义务与权利不对等的现象：发达国家享有较多的环境权利却承担较少的环境义务，发展中国家则恰恰相反，承担义务多，享有权利少，这就导致了全球环境正义的缺失。环境非政府组织在维护国际环境公益方面拥有无可替代的优势，可以促进世界环境正义的实现。主要表现为：它把世界环境正义理念引入国际社会，提高了世界各国及民众对环境正义的认识；通过开展各种活动与运动督促主权国家政府及政府间国际组织对环境正义的维护。

正是环境非政府组织积极发挥自身特点与优势，不断整合人类社会的共同认识与共同利益并把它们渗透于相关的国际环境条约、公约、国际环境习惯中，促进了国际环境法理念的不断创新，使国际环境法更加实际、更加符合人类社会环境问题的治理与解决，从而更有利于维护人类社会的共同利益与可持续发展。因此，环境非政府组织是国际环境法理念的创新者与发展引领者。

四　提升公众环境意识并推进和谐环境伦理的建构，是环保理念的普及者

环境意识与环境伦理并不是随着社会经济的发展而自动发展的。环境意识、环境伦理与经济社会发展之间存在着不完全同步性，因而环境意识与环境伦理是需要不断进行推动与建设的。环境非政府组织作为专业性的社会组织，在环境知识、环境教育以及和谐环境伦理建设方面具有其他社会行为体所不具有的优势，因而环境非政府组织对提升公众的环境意识和促进和谐环境伦理的建立与发展发挥了巨大的作用。

（一）环境非政府组织通过各种形式的活动进行环境知识宣传与普及，进而提升公众的环境意识

世界环境问题的解决不是仅仅靠国家政府、国际组织等行为主体就能完全解决的，要实现世界环境问题的根本解决，需要全世界每个公民个体的共同参与和努力。作为个体的人的行为是受意识支配的，因而环境意识

的提高对改变人对自然的不良行为具有重要意义。只有人们的环境意识提高了，不良环境观念与行为随之改变了，人们才能够系统、正确、全面地认识并处理人类社会与自然界之间的关系。由人们的不良环境行为所导致的环境问题才能实现根本的解决。可以说，世界环境问题的解决成效在某种程度上取决于环境治理与保护主体的环境意识的有无及高低。因为他们对人类社会与自然界之间关系的理解正确与否，对环境问题的敏锐程度以及环境专业知识掌握的层次，决定了世界环境问题解决得好与坏。所以在世界范围内倡导与普及环境意识对世界环境问题的整体解决至关重要。

环境非政府组织对环境问题了解得比较全面、系统与透彻。其所倡导与宣传的环境意识推动了绿色生产方式的逐步确立，有利于世界环境问题的根本解决。许多环境非政府组织都把宣传与倡导先进的环境意识、提高全体公民的环保理念作为自己的重要任务。它们通过各种方式如出版书籍、组织专门研究、举办培训班与座谈会等方式对环境意识进行倡导与宣传，积极地向社会公众传播环境知识，输送环境信息。著名的国际环境非政府组织——绿色和平国际组织自成立之时就把自己定位于"世界环境保护者与捍卫者"的角色。该组织经常为了保护环境、反对与谴责环境破坏行为而采取一些出人意料甚至是极端的行动。这样一方面可以扩大事件的影响力，引起社会公众的关注与参与，另一方面可以通过事件提高社会公众的环境保护意识。如，它们为了反对日本坚持在南极海域的捕鲸行为，往往组织一些船只对日本捕鲸船进行跟踪、阻挠甚至爬上捕鲸队的大船。绿色和平组织也亲自组织人员到南极地区进行实地考察并掌握了大批一手资料，对南极地区的保护形成了自己的独有见解，通过各种媒介传播给社会公众，引起人们对南极环境保护的关注与支持。绿色和平国际组织也组织一些示威、游行活动，反对有关国家对南极的非法活动，揭露某些国家非环保行为，进而改变了人们对环境认识与环境行为。

环境非政府组织也通过环境教育来进一步丰富人们的环境知识、提高人们的环境意识。现代信息技术的发展，为环境非政府组织进行环境教育活动开展提供了便利之门。许多环境非政府组织往往都拥有自己的门户网站，利用互联网的方便、快捷，可以使社会公众较快、较好地了解相关环境知识，从而加深对环境问题的认识，特别是人类社会与自然界之间关系的正确认识，转变自身的非环保行为，从而进一步提高了人们的环境保护意识与环境权利意识①。

环境非政府组织在推动环境治理的公众参与方面发挥了越来越重要的作用。它们通过各种活动推进社会公众对环境治理的参与程度。公众参与程度是一个国家环境意识发展的重要体现，也是生态文明发展的重要标志。但公众的参与程度的提高不是能一蹴而就，是一个逐渐推进的过程，它涉及公众的参与范围、水平以及环境决策的民主与透明等多个方面，这些问题的推进也需要一个过程。环境非政府组织在这个渐进的过程中发挥的作用是不可替代的，价值逐渐彰显出来。

（二）环境非政府组织具有环境道德整合作用，有力地推动了和谐环境伦理的建立与发展

和谐环境伦理是对人与自然关系的厘清与界定，是对人类义务的重新认识与生态环境价值的深度思考。在 1972 年联合国人类环境会议召开之前，人类社会对环境问题的关注度很低。人类更多是对自然的索取与掠夺性开发，这使得生态环境破坏与恶化日益突出。人类中心主义的环境伦理观在人类社会的发展中占据着主导地位。日益恶化与突出的世界环境问题引起了世界各国与社会公众的重视，特别是 1972 年联合国人类环境会议召开并发布了《人类宣言》，极大地促进了人类社会对环境问题的关注，开启了人类社会与生态环境良性互动的新纪元。环境伦理正是在自然界对人类反扑的背景下促使人类必须思考如何与自然和谐相处的必然产物。"环境伦理所涉及的价值问题是：自然除了迎合人类的需求外，是否尚有其他功能？自然环境的价值为何？价值判断的依据又是什么？什么是人类对自然和自然实体的责任？"②环境伦理的发展是与环境问题紧密相关的，它的发展经历了"人类中心"、

---

① 环境权利意识包括三项内容：环境权利认知、环境权利主张和环境权利要求。环境权利认知是环境权利主体对自己应该或实际享有的利益和自由的了解和认知；环境权利主张是指权利主体对自己应该或实际享有的权利予以主动确认和维护的意识；环境权利主张要求社会成员根据社会的发展变化，主张向社会或者政府提出新的权利请求的意识。前两个环境权利意识是基本的环境权利意识，是对现有环境的主动参加，而环境权利要求表达的是对现有环境权利体系的诘难和质疑，是较高的环境权利意识。

② 张子超：《环境伦理与永续发展》，参见 http：//www. tnfsh. tn. edu. tw/course/resource/007. doc。

"生命中心"与"生态中心"三个阶段。① 20世纪60年代人类社会的环境伦理则属于"人类中心主义"阶段。现在的人类社会属于"相对人类中心主义"阶段：已经认识到环境恶化的不利影响，积极促进环境的治理与保护的目的在于对自然资源的可持续利用与开发，从而继续维持人类对自然界的主导地位。而"生态中心"伦理反映了自然的本来价值，是人与自然关系和谐共处的集中反映。因此"生态中心"伦理是对和谐环境伦理的另一种表达。当然真正实现和谐环境伦理的建构与发展不是一帆风顺的，需要多方的共同努力。环境非政府组织在其中发挥了巨大的、不可替代的作用。

环境非政府组织具有公益性、志愿性、非营利性等特点，这使得它自身具有鲜明的环境伦理特征与属性，更具有环境道德整合的独特功能。环境非政府组织通过对社会体系中的不同道德的环境内涵进行研究、考察并整合为一种具有开放性、统一性与持续性的和谐环境道德体系，有助于社会公众对和谐环境道德体系的认识与理解，更有助于和谐环境伦理的最终建立。当然环境非政府组织的环境道德整合不是通过强制性的手段，而是通过社会舆论、教化、倡议等非强制性的方式来实现对社会利益关系的整合，这有助于和谐环境道德的更新、发展与进步，更有利于和谐环境伦理的建立与发展。

和谐环境伦理的建立与发展将有效改变人们的行为方式，帮助人们树立新的环境道德观念，确立良好的环境道德原则与普遍的环境道德规范。环境非政府组织作为环境意识的宣传者与倡导者，其开展的活动比较广泛地普及了环境知识，有效地提高了人们的环境保护意识，使得和谐环境伦理的建立与发展成为可能。其在环境道德整合方面的作用使得和谐环境伦理的建立与发展变为现实。总之，环境非政府组织提升了普通公众的环境意识，推进和谐环境伦理的建立和发展，是环保理念的普及者。

---

① 人类中心主义的主要信念包括：人是自然的主人和所有人；人类是一切价值的来源，大自然对人类只具有工具性价值；人类具有优越特性，超越自然万物；人类与其他生物无伦理关系。生命中心伦理的信念包括：生命个体应给予道德的考虑；主张个体利益平等。生态中心伦理则强调自然世界的内在价值，包括了以下几个信念：自然世界具有内在价值，人应给予道德考虑；强调生态系整体的伦理关系；重视环境典范的转移。人类中心主义环境伦理属于人本主义环境伦理学范畴，而生命中心与生态中心环境伦理则属于自然主义环境伦理学。具体参见张子超《环境伦理与永续发展》，http://www.tnfsh.tn.edu.tw/course/resource/007.doc。

五 联络和保护环保人士，是环保人士的凝聚者与守卫者

　　社会公众积极参与环境治理与保护的前提是人们环境保护意识的提高。没有社会公共环境意识的普及与提高，人们很难实现对环境问题的正确认识与价值理解。随着环境知识与环境意识的不断普及与提高，社会公众对环境问题的认识越来越深刻，对环境问题的关注与重视程度较以前有了更大的提高，参与环境问题的治理与保护的社会个体越来越多。数量庞大的环保人士如果没有一个相应的组织机构加以吸收与整合，往往处于一种混沌无序的状态中，力量较为分散，无法形成一个相对一致的影响力量，他们在环境问题的解决中更是无法发挥应有的作用。环境非政府组织的出现很好地解决了数量庞大的环保人士的无序状态，实现了环保人士的组织归属与力量整合。这样环境非政府组织可以很好地把有志于环境保护的各类人士紧紧地吸引进来。而且随着环境非政府组织的不断壮大与成熟，加之其不断建立与发展的全球网络，使得世界各地的环保人士都可以参与进来。另外，环境非政府组织从国际到地方基层的层级结构也使得全世界的环境非政府组织连为一体。可以说，环境非政府组织是环境保护人士的凝聚者与联系中转站。在这里环境保护人士可以自由地对一些有重要影响的环境事件发表自己的看法，也可以很好地实现交流、沟通与信息的共享。如，成立于 1974 年的国际能源研究所（International Energy Institute）是一个从事世界能源与环境保护等问题研究的环境非政府组织。它每年举行的"可持续发展"研讨会吸引了世界各地的知名环保人士与思想家来参与其中，在会议中他们通过积极探讨全球的可持续发展问题，寻求世界可持续发展的方法与途径。

　　可以说，环保人士与环境非政府组织之间形成了良性互动的发展：环保人士的积极参加推动了环境非政府组织的发展壮大。环境非政府组织的发展进一步普及了环境知识，提高了人们的环境意识，促进了环保人士的增加，使其队伍更加壮大。

　　环境非政府组织不仅是环境保护人士的凝聚者和联络者，还是环境保护人士的守卫者。环境保护人士在积极开展各种环境保护活动中，经常会受到一些国家政府、利益集团等力量的不法侵害。作为环保人士的组织支撑体的环境非政府组织往往会积极整合力量，通过各种方式来捍卫环境保护人士的合法权益，谴责不法侵害方的卑劣行径。如，绿色和平国际组织

为了反对美、法等国在南太平洋的核试验，在 1985 年 7 月 10 日派遣了一艘名为"彩虹勇士"的潜艇前往穆鲁罗瓦岛的南太平洋水域进行抗议活动。"彩虹勇士"号潜艇在强行通过法国海军的封锁时被法国特工炸沉，造成 1 人死亡多人受伤的惨剧，这一事件被称为"彩虹勇士"号事件。事件发生后，绿色和平国际组织把这一事件的经过通报给世界各国媒体，引起世界各国政府与人们的广泛关注，纷纷对这一事件的制造方——法国政府予以谴责，要求严惩肇事者。新西兰警方在舆论压力下逮捕了涉嫌制造悲剧的两名法国军事安全人员。"法国政府在国际社会舆论压力下，被迫向遇难者家属正式道歉和赔款 230 万法郎，并依照一个仲裁庭的裁决，单独赔偿给绿色和平组织 815.9 万美元。"① 绿色和平国际组织在这一事件处理过程中对环保人士合法权益的积极维护与捍卫，成为全球范围内的各类环境非政府组织学习的榜样与典范。这也进一步扩大了包括绿色和平国际组织在内的各类环境非政府组织的知名度与影响力，进一步吸引着各类环保人士积极参与环境非政府组织，促进了环境非政府组织的进一步壮大与发展。环境非政府组织是环境保护人士合法权益的维护者与保障者是实至名归，毫不夸张的。

---

① Peter Malanczuk, "*Akehurst's Modern Introduction to International Law, Routledge*", Seventh Revised Edition , 1997, pp. 98 - 99.

第三章
全球公民社会对环境非政府组织
发挥作用的正向促进

随着全球化的深入发展，全球公民社会作为一支新兴的独立力量在国际社会中发挥着越来越大的作用。它填补了国家退却而产生的空间，有效地弥补了国家作用的不足，它的不断发展正在逐渐改变着世界。全球公民社会的发展改变了原有的认同格局，使社会公众对全球公民社会的认同趋强。全球公民社会借助自身优势而确立的规范或机制也越来越被国际社会认可，加上其信息方面的明显优势使得全球公民社会越来越壮大，在国际社会中的影响力更是不容小觑。作为全球公民社会重要组成部分的环境非政府组织也在逐渐发展壮大。可以说，全球公民社会的发展与壮大是环境非政府组织不断发展壮大的基础与保障，全球公民社会对环境非政府组织发挥作用产生了正向的促进：全球公民社会建构的认同是环境非政府组织发挥作用的前提与基础；全球公民社会确立的规范是环境非政府组织发挥作用的关键；全球公民社会提供的信息是环境非政府组织发挥作用的保障。

一 全球公民社会建构的认同是环境非政府组织
发挥作用的前提和基础

（一）认同：内涵、特点与价值

1. 认同的基本内涵

要认识与理解全球公民社会认同，我们就必须先认识与把握认同的概念，明确什么是认同。认同是个外来词，是由英语"identity"翻译而来。"identity"原本被认为是心理学、社会学等学科中的一个重要问题，是自我身份的承认与某种群体归属感，是一种为"本我"而非"他者"的内在规定性。"identity"一词在英语中本是一个多义词，其具有多重含义：既表达"身份"的意思，也表达"同一性"、"个性"、"特性"等意思。在汉语中"认同"也具有丰富内涵：一是承认、同意，主要表达的是社会主体（个体或群体）对某一客体对象（事物或观点）的肯定与支持态度①；二是归属，主要表达的是社会主体（个体或群体）的归属性，如某一个体属于哪个类型，哪个组织等等；三是同一性，主要是指处于不同时空条件下的不同事物实为同一事物的状况描述，是事物连续性或一贯性的表达。②

可见，无论是英语还是汉语，认同（identity）一词都具有多重的含义。其在不同学科中的概念也具有很大的区别与不同，认同在不同学者的研究体系中也具有不尽相同的概念界定。认同最早是一个心理学概念。奥地利心理学家西格蒙德·弗洛伊德（Sigmund Freud）认为认同是一个心理过程。美国心理学者埃里克森（E. H. Erikson）认为："认同是主体对自我身份的确认与顿悟，是对获得自身的存在一种证明与回答。"③ 他的认同概念较好地回答了个体心理和社会归属问题。后来被应用于政治、社会等领域。政治学与社会学也把认同作为其学科的一个重要概念。以亚历山大·温特（Alexander Wendt）为代表的建构主义学派把"认同"这一概念引入到国际政治学中。经过不断发展，"认同"这一概念成为建构主义学派认同理论的核心概念与分析工具，它被建构主义学者用来解释与分析国家行为和国家利益。但是，由于学者研究重点的不同使得他们在利用和把握这一分析工具时有着不同的看法与认识。温特认为，"认同是有意图行为体的属性，它可以产生动机或行为特征，同时根植于行为体的自我领悟。但是，这种自我领悟的内容常常依赖于其他行为体对这个行为体的再现与这个行为体自我领悟之间的一致，所以身份也具有主体间或体系的特征"④。温特还指出，"两种观念可以进入身份，一种是自我持有的观念，一种是他者持有的观念，身份是由内在和外

---

① 江宜桦：《自由主义、民族主义与国家认同》，台湾扬智文化事业股份有限公司1998年版，第11页。

② 转引自毕跃光《民族认同、族际认同与国家认同的共生关系研究》，博士学位论文，中央民族大学，2011年，第14页。

③ 转引自夏建平《认同与国际合作》，博士学位论文，华中师范大学，2006年，第21页。

④ ［美］亚历山大·温特：《国际政治的社会理论》，秦亚青译，上海世纪出版集团2000年版，第228页。

在结构建构的"①。一些学者认为"认同是认知的同一性";另有一些学者认为"认同是自我对他者的承认、认可或赞同"。

正是由于认同含义的多样性使得在把"identity"引入并翻译的过程中,翻译者往往根据"identity"在具体著作或文章中的特定含义加以翻译,因此出现了"identity"的"身份"、"同一性"、"认同"等不同的译法。对于"identity"到底翻译为什么词汇并没有一个统一的看法或标准。面对这种现实状况,作为本书的核心概念之一,我们有必要对其具体的内涵作一明确的界定,否则会使我们的研究较为混乱、不清晰。结合国内外不同的学者的"认同"概念界定及本书的特定需要,笔者认为认同的内涵主要有两个方面组成:一是身份认同,包括自我身份认同与他者的身份认同;二是观念(文化)认同,在观念(文化)认同中包含着对制度、规范等认同。这二者之间是既有区别又内在统一的,二者之间缺少哪一个都不行,它们共同构成了"认同"的完整内涵,也共同统一于"认同"的内涵之中。

2. 认同的基本特点

(1)认同的复杂性

认同不是凭空产生的,它是社会关系的产物,体现在人们的心理感受过程之中。认同形成中涉及多方面的关系。既包括社会认同主体之间的关系,也包括社会认同主体与客体之间的关系。社会认同主体之间的关系又分为两个层面:一是与"自我"地位一样的"他者",体现为一种平等关系;二是"自我"归属其中的群体或组织,体现为一种归属关系。正是认同的存在"使得'自我'与'他者'区分开来并表明了'自我'的归属。"② 社会认同主体与客体之间的关系中的客体也具有复杂性,客体也分为两个层面:"一是客观存在的物质性客体,二是由主体的实践活动所赋予了特殊意义的客体,从某种程度上可以说是主体社会互动实践的产物"③。社会认同主体对客体的认同程度体现了社会认同主体之间的心理沟通与联系。这些都足以体现认同的复杂性。

另外,认同的种类也较为繁多。既有身份认同、观念认同的区分,也有个人认同、集体认同的区分,还有民族认同、国家认同、社会认同的区

① 〔美〕亚历山大·温特:《国际政治的社会理论》,秦亚青译,上海世纪出版集团2000年版,第228页。

② 夏建平:《认同与国际合作》,博士论文,华中师范大学,2006年,第29页。

③ 同上。

分。认同种类的多样性也是认同复杂性的另一种表达。

（2）认同的自发性

认同既表现为一个结果，即主体对客体的认同程度，同时认同也是一个过程，即认同的形成与演变历程。在认同的形成过程中，认同实际上是表现为自发趋同的过程，是主体对存在于自身之外的各种信息资源的接受、分析、选择与内化过程。这一过程是自发的，是主体内在本能的反映，没有任何的计划性，更不是通过外力强制来形成的。它与用理论、科学知识等方式进行促进而形成的意识形态有明显的区别。认同是认同主体的一种主观感受、自发判断或情感表达。认同的自发性较为明显，但也有明显的不系统性，因为它里面含有较多的非理性成分，理性成分则较少。正如英国著名学者格雷厄姆·沃拉斯（Graham Wallas）在其著作《政治中的人性》（Politics of human nature）中所说："人的头脑就像一把竖琴，所有的琴一齐震动；因此，感情、冲动、推理以及称为理性推理的那种特殊的推理，往往都是单独一种心理体验的许多同时发生的、互相混合的方面。"①

（3）认同的隐秘性

认同是主体的一种情感表达，但这种情感的表达往往不被人们所重视。因为人们的情感更多是深藏于内心深处，这种情感的表达只有通过各种行为表现出来时才有可能为他人所注意和发现。可以说，认同是没有统一的表现形式的，也没有严密的整体逻辑形式。这就使得人们往往很难通过外在的东西来发现它、判断它。作为内藏于人们内心的东西，既看不到更摸不着，加之认同的形式表现多样化，如虚假认同、伪认同等，这就更使得人们很难从外在的东西来发现它、把握它。只有透过外在的层层表象才能捕捉到人们内心深处的那种情感表达。随着社会民主化进程的不断发展，国家政府越来越重视认同的存在。因为这往往关系着现存政权存在的合法性基础，只有充分把握人们的这种情感表达才能实现政权合法性的持续增加，维持政权的正常运转。

（4）认同的发展性

认同除了具有复杂性、自发性与隐秘性以外，还具有发展性。发展性也可以称为历史性、时代性。也就说认同是处于发展变动之中的，认同在不同的历史阶段表现为变动，在同一历史阶段的不同时期也处于发展变动

① 转引自孔德永《当代中国社会转型时期的政治认同问题研究》，博士论文，山东大学，2006年，第23页。

中。正如安东尼·吉登斯（Anthony Giddens）所说："认同（identity）是人类社会的伟大创造，它是一个没有终点的、处于不断发展中的过程。"①如封建社会中国家认同主要就是对封建帝王的认同，在近代社会中国家的认同就是对民族国家的认同，现代社会中的公民随着时代的发展也有自己的认同标准。可见，社会群体在不同的历史时期认同的内容是不断变化的，这也足以说明认同的发展性。

认同的形成是一个长期的过程，不是简单的民众认同意识累加，而是需要民众群体的内心意识共化为一个共同的社会心理意识。如民族的认同，国家的认同等等，都是这样一个过程。在这一过程中也会出现认同—不认同—新的认同的变化过程，这体现了社会群体对认同客体的变化发展过程，也是社会群体对认同客体的信任程度的表达。在众多的认同中，政治认同的变化过程更能体现"认同—不认同—新的认同"的变化过程。政治认同体现的是社会公众对政治共同体的承认或信任。如果政治共同体能够较好地反映民意，维护公正，那么它便会得到社会公众的认同，反之则会失去社会民众的认同从而失去存在的合法性。"社会公众是生活于政治之外的大多数，他们对其的满意度决定了他们对政治的认同程度，这种认同是不断变化的，有可能一夜之间上升或下降。如果社会公众感到他们生活其中的民主制度富有成效，就会对这一制度产生较为深厚和持久的支持，反之则会丧失信任并导致不认同。"②

3. 认同的基本价值

认同是社会发展的产物，认同的存在与发展对于人类社会的存在与发展具有重要的意义。其价值体现在以下几个方面：

（1）认同支持了人类社会的稳定发展

认同是社会稳定的心理基础，缺乏认同的社会是不稳定的。即使在具有合法性的强制下也能实现社会秩序的稳定，但这种稳定是脆弱的，不长久的，很容易被打破。认同体现了社会公众对社会政治、经济、文化等各个方面的认可、承认或信任程度。在人类社会的发展历史中，我们可以充分看到认同对于社会稳定的重要性。在古罗马时期，正是社会公众对混合政体政治思想的承认与信任，才使得其不断发展并深深地扎根于古罗马人

---

① Barber Chris, *Culture Identity & Late Modernity*, London：Sage，1995，p. 233.

② ［美］马克·E. 沃伦：《民主与信任》，吴辉译，华夏出版社 2004 年版，第 99 页。

们的心中，使当时的混合政体得以长久保持。古罗马混合政体的存在与传承的基础就在于人们对混合政体的持久认同。正是这种认同的存在使得任何想破坏古罗马混合政体的任何人都无法实现自己的企图，即使是战功赫赫的凯撒大帝也是如此。中世纪时期，社会公众对神权政治思想的认同，使得教会神权统治①在这一时期得以长久保持。在中国，"德治"思想源远流长，具有十分悠久的历史传统。社会公众对"德治"为基本特征的君主制的认同使得中国古代的政治体制在中国乃至东亚延续了几千年。由此可见，认同对于人类社会的重要价值与重大影响力，它对促进人们形成共同的政治信仰发挥了重要作用，它是人类社会实现稳定发展的重要保障。缺少了认同的人类社会将是无序和混乱的。

（2）认同是评判行为体活动效能的基本标准

认同作为社会公众的一种心理反应，它是了解社会公众社会心理走向的重要窗口，是社会形势的晴雨表。在社会政治生活中更是如此：社会公众的认同状况是社会政治发展的重要标准，也是进行社会治理的风向标。在当今的国际体系中，既有民族国家这样的基本行为体，也有国际组织、跨国公司等非国家行为体。它们在国际体系中都扮演着各自不同的角色。尽管角色不同，但它们都是全球治理的重要参与者，在全球治理过程中都发挥了重要的作用。至于这些行为体在全球治理中进行的活动到底在多大程度上促进了全球"善治"的形成与发展，一个重要的标准就是获得认同的大小或强弱。因为只有获得了足够的认同，行为体才能获得其存在与发展的合法性，反之则丧失了其存在与发展的合法性，就会遭到社会公众的抛弃。如，在当今的国际体系中，非政府组织正获得越来越多的社会公众的认同，正是得益于它们在国际体系中开展活动的效能越来越大，作用越来越被认可。在现实国内政治中，政府采取的各种社会治理的实践活动效果如何，不在于政府进行了多大的投入，进行了怎样的宣传，其判断标准还在于社会公众的认可或承认程度，即认同的强弱或大小。得不到社会公众丝毫认同的政府是缺乏继续存在下去的合法性根基的，最终的结果是被民众抛弃。由此可见，认同在评判行为体活动效能方面发挥着不可替代的作用，是一个基本标准。

（3）认同是分析现实社会的一种工具，富有现实意义

---

① 神权政治即"王权源于上帝"，是指社会政治权力都源于上帝的赐予，教会是上帝在人间的代表，它代表上帝掌握人类社会的核心政治权力。因此教会的权力要高于世俗的政治权力，教会主导着世俗社会的政治权力分配。

认同概念的形成要远远晚于认同的形成。人类社会自形成以来认同就存在着，只是人们并不了解它，也没有注意到它。随着社会科学研究的不断发展，对认同的研究越来越多，认同的概念也随之形成并发展为认同理论。认同理论的形成与发展是认同成为人们研究与分析现实社会的一种工具。在政治、经济、文化、社会等各个领域都可以运用认同作为一种分析工具来分析与解决这些领域中的各种问题。可以说认同促进了社会科学研究的理论创新与发展，具有十分重要的现实意义。如，建构主义国际关系理论作为一种新兴的国际关系理论能够在短时期内占据国际关系理论中的主导理论的角色，正是得益于其对认同的阐释与运用。这种阐释与运用不但促进了理论上的创新与发展，也促进了指导实践的创新。建构主义倡导加强国际交流与合作，有利于世界的和平与稳定发展，对建立公平、公正、合理的国际政治经济新秩序提供了积极的指导。

（二）全球公民社会的认同建构及影响因素

国际体系是在不断变化之中的，国际体系的变化是认同变化与转换的必然结果。全球公民社会的崛起与发展正是认同变化与转换的客观反映。认同的建构与认同改变一样需要一个长时期的过程，在这一过程中，各种相关因素对认同的建构产生了重要的影响。

1. 全球公民社会的认同建构

通过前面的分析我们得知认同的内涵包含两个方面的内容：一是身份认同，二是观念认同。身份认同与观念认同共同构成了认同的整体。因此全球公民社会的认同建构也离不开这两个方面。这二者的最终形成也需要全球公民社会主体积极作用的不断发挥与累积，这样可以进一步强化全球公民社会的认同。

（1）全球公民社会的身份认同是全球公民社会认同建构的前提

什么是身份认同？要完全理解身份认同首先要明确什么是身份。所谓身份是指主体自身与他者区分开来的显著特性。当然这里的身份与我们现实中的身份概念是不一样的，现实生活中我们所说的身份往往与地位紧密联系在一起①。如，我们说一个人有身份就意味着这个人有较高的社会地位。其实，除了社会地位的意思之外，身份也可以指一种社会角色或形象。所以身份认同既包含自我的显著特性，也包括社会角色期待。身份认

---

① 《现代汉语词典》对"身份"的释义是：自身所处的地位；受人尊敬的地位。具体参见《现代汉语词典》，第1119页。

同包括三个方面的层次：一是自我身份认同，即自我身份特征的认定，这是低层次的认同；二是角色身份认同，即自我与他者的身份认同，如同志关系或敌人关系，这体现了自我与他者之间的类似或不同关系；三是集体身份认同，即单个行为体与某一群体之间的认同，这体现的是个体与群体之间的归属关系，这是较高层次的认同。

全球公民社会认同建构的前提就是先要有全球公民社会的身份认同。没有全球公民社会的身份认同，便没有全球公民社会的认同整体。全球公民社会的自我身份是全球公民社会的内生身份，是一种单层次的特征。它是全球公民社会的自我显著特征的表现。这种身份是全球公民社会在自身的物质基础与独特经历基础上所形成的。正是这种内生身份使得全球公民社会作为一个实体存在于国际体系之中。全球公民社会的角色身份不是其内在的属性，而是形成于全球公民社会与国家、跨国公司等他者的互动关系之中。当然在互动之外，全球公民社会的角色身份还有赖于共有期望，即社会的各种角色身份在共同规则的基础上的互相影响与期望。全球公民社会的角色身份认同建构可以充分地表明全球公民社会与其他国际行为体之间的友好或敌对关系、合作或冲突关系。全球公民社会的集体身份认同是全球公民社会身份认同中的高级阶段，它反映的是全球公民社会组成部分作为群体一部分的意识。全球公民社会的集体身份认同形成反映了认同是一个认知过程，是从自我认知到集体认知的变动过程。在这一过程中，"自我"与"他者"之间的边界变得模糊，从而实现自我边界的扩展并最终把他者包含其中。最终的结果便是类似全球公民社会这样的"国际集体认同的出现"。①

全球公民社会的身份认同不仅是自我选择的结果，更是文化选择的结果。因为文化选择是一种进化机制，可以很好地通过模仿或社会学习等方式实现身份认同的代际传播。身份认同形成的第一阶段往往是通过模式机制实现的，即"当行为体自我意识到它们认为是成功的行为体时，就会通过模仿获得类似的身份。"② 在此基础上通过社会学习机制实现对身份与利益的再理解，从而形成新的身份认同。全球公民社会的身份认同也是自我选择与社会文化选择共同作用的结果。这种结果是一种良性互动的产物，否则很难形成良性的认同。

---

① ［美］亚历山大·温特：《国际政治的社会理论》，秦亚青译，上海世纪出版集团 2000 年版，第 287 页。

② 夏建平：《认同与国际合作》，博士论文，华中师范大学，2006 年，第 42 页。

（2）全球公民社会观念认同是全球公民社会认同建构的基础

观念认同是在特定的文化背景和历史过程中形成的，它体现为对利益、国际体系的不同理解。因此，观念认同体现为行为体价值观的认同，所以在认同建构中观念认同居于十分重要的位置，它是认同建构的基础。同样，全球公民社会的观念认同也是全球社会认同建构的基础。

观念认同中的观念除了包括价值观、思想、文化等思想性的东西外，还包括那些具有观念性质和特征的规范、规则、制度、惯例等等。"观念认同包括两个方面：一是内生观念的认同，即行为体在自我的实践过程中或由自身的特殊经历所造就的对某些观念的认同；二是外生观念的认同，即"自我与他者在实践中通过互动行为而形成的对于双方关系以及实践客体的共同看法和一致理解。"① 内生观念也可以称作自有知识或自有观念，外生观念也可以称为共有知识或共有观念。全球公民社会的观念认同也自然地包括内生观念的认同与外生观念的认同。

全球公民社会是"全球化的一种有效回应"。② 全球公民社会作为独立于国家与市场之外的网络和领域，其追求的目标就是维护与实现社会的公共价值。当然这种公共价值包括内生的价值与外生的价值。全球公民社会的内生观念认同就是对内生价值的认同。全球公民社会在形成与发展中形成了一系列自有观念认同，这些自我观念形成于其开展的一系列实践活动中。如全球正义观念就是形成于全球正义运动中，它要求"反对战争与种族歧视，关注全球生态安全，实现各种的公平正义"。③ 当然除了自有观念的认同外，全球公民社会也有外生观念的认同，这主要是在实践活动中通过社会性的主动学习所形成，通过这种社会性的主动学习，全球公民社会不但重新确定了自身的身份认同，而且对国际社会的主要价值观念也进行了吸纳与内化，如全球民主治理理念、世界主义理念等。这些外生观念在全球公民社会的实践活动中不断被引入、吸纳与内化为与自有观念一样的观念认同。在这种互动学习中，全球公民社会也通过各种途径不断完善自己的原有观念，从而使自己的内生观念能够适应社会发展的要求，紧跟时代步伐。

---

① 夏建平：《认同与国际合作》，博士论文，华中师范大学，2006年，第42页。

② Helmut Anheier, Marlies Glasius and Mary Kaldor（eds.），*Global Civil Society* 2001，Oxford：Oxford University Press，2001，p. 17

③ 郁建兴、蒲文胜：《全球公民社会话语的类型与模式》，载《思想战线》2008年第2期，第55页。

另外，交流与沟通也是全球公民社会观念认同形成的重要途径。通过与不同行为体的交流与沟通，全球公民社会可以很好地实现与它们之间的充分互动，从而有利于更新自我观念，实现自我调整与改变，也有利于与其他国际行为体形成共有知识。如果全球公民社会与其他行为体之间缺乏交流与沟通，将导致全球公民社会的观念与国际体系观念之间互相缺乏了解，导致双方的交流障碍，导致分歧的产生，不利于全球公民社会的发展。

（3）全球公民社会主体作用的不断发展与累积是全球公民社会认同建构的保障

认同的形成是一个长期的过程，这一过程既体现在身份认同中，也体现在观念认同中。自我身份的认同是行为体自我特性的认定，需要行为体在不断的实践过程中通过自身作用的发挥加以认识与最终确定。角色认同与集体身份认同更是需要行为体在实践活动中通过自身作用的不断比较而最终形成。全球公民社会是由非政府组织、新社会运动、跨国社会网络、世界社会论坛等诸多行为主体共同组成的，这些行为体在实践过程中通过自身作用的发挥而最终明确了自我身份的认同，并在与他者的比较中实现角色身份的认同。在身份认同与角色认同的基础上各行为体最终实现全球公民社会集体身份的认同。在全球公民社会身份认同的过程中，各主体的作用的不断展现与发展发挥着重要的作用。

观念认同体现的是对共同价值与规范的确定与承认，这也需要在行为体长期的作用发挥过程中实现最终的确认。全球公民社会观念认同的最终确立也体现在其组成部分的作用发挥过程中。只有通过作用的积极发挥，其内生的观念才可以得到显现与验证，并与通过实践活动中的社会性学习而获得的外生观念一起内化而最终成为全球公民社会自身的观念认同。全球公民社会各组成部分之间的交流与互动也是在它们积极发挥自身作用的基础上实现的，各组成部分之间通过交流与互动促进共同理念的形成。没有作用的展现便没有身份的认同，观念的认同就更谈不上了。所以全球公民社会主体积极作用的发展与累积是全球公民社会认同建构的保障。没有自身作用的发挥，身份认同与观念认同便是无源之水、无本之木。

2. 全球公民社会认同建构的影响因素

前面我们提到认同的建构是一个长期的过程，在这一过程中会有诸多的相关因素对认同的建构产生影响。全球公民社会认同的建构也不例外，许多因素影响着全球公民社会认同的最终形成。

（1）全球化对全球公民社会认同建构的影响

全球化的不断发展促使无数私人公共领域的出现与拓展，民族国家的力量被削弱。"国家与社会之间的关系也发生了本质性的变化：国家的意义逐渐缩小，社会的意义不断上升，人类社会生活开始突破国家界限，发展到可能意义的全球范围。"① 全球化对认同的影响也日益突出。它改变了过去以民族与国家为主要认同建构方式的认同模式，使得人们可以在民族与国家之外建构新的集体认同。在这种背景下，国家与民族的特性变得日益模糊，全球化改变了以"民族与国家为基础的地域认同模式，进一步加速了空间、地域与认同脱离联系的过程"②。全球公民社会认同的形成就是认同与空间、地域脱离联系的最好例证。可以说，全球化的不断发展进一步影响了全球公民社会认同的形成过程，促进了全球公民社会的认同建构。

（2）国家对全球公民社会认同建构的影响

有许多学者认为全球化不断深入发展促进了世界市场的形成，增强了世界性的相互依赖，民族国家的作用呈现逐渐下降甚至销蚀的趋势，民族国家已经没有存在的必要了。事实果真如此吗？事实证明：全球化的发展的确使民族国家的作用减弱了，但民族国家作为一种实体的世界性消失还没有出现，甚至可以说国家开始消亡的开始还要经历一个很长时期。全球化促进了社会领域的扩大，促进了大量社会力量的形成与发展，并在全球化时代的国际体系中发挥了重要的作用。这些都不足以说明民族国家的作用被替代了，只是民族国家的职能发生了转变。正如琳达·韦斯（Linda Weiss）所说："在不断发展的全球化中，国家的作用不是被取代或变得弱小，而是在转变中变得更大，国家的作用是有益于社会的进步与发展。"③

尽管民族国家（政府）在国内治理特别是全球治理中扮演的角色与发挥的作用并不相符，甚至在某种程度上阻碍了全球治理的有效进行。这都是国家利己性与全球公共利益价值冲突的体现，这并不能否认民族国家是全球治理的基本行为体地位。尽管国家作用的下降及负面效应使得有相当

---

① 袁祖社：《"全球公民社会"的生成及文化意义——兼论"世界公民人格"与全球"公共价值"意识的内蕴》，载《北京大学学报》（哲学社会科学版）2004 年第 4 期，第 14 页。

② 杨筱：《认同与国际关系——一种文化理论》，博士论文，中国社会科学院研究生院，2000 年，第 46 页。

③ 琳达·韦斯：《全球化与国家无能的神话》，载王列《全球化与世界》，中央编译出版社 1998 年版，第 94－97 页。

的社会公众对国家的认同下降、削弱甚至产生了新的社会组织认同，但民族国家认同仍是当今国际体系中认同的主流。从目前来看，全球公民社会的形成与认同的建构还不足以取代民族国家形式。况且全球公民社会的形成并没有要取代民族国家的打算，它只是要进一步促进与实现全球治理的民主化与多元化。民族国家在国家利益至上性与全球利益上的反复冲突将会使全球化时代下的多重认同产生矛盾与冲突，从而影响全球公民社会认同的建构。如，一些国际组织打着环境正义与环境保护的旗号对一些民族国家进行的干涉内政活动，将会使这些民族国家的社会公众产生国家认同与全球公民社会认同的冲突。另外，民族国家在促进社会进步方面发挥的积极作用将会使不断减弱的国家认同逐步恢复与增强。这对全球公民社会认同的建构必将产生消极的影响。因为当今的国际体系中民族国家仍然是最基本的行为主体，民族国家所具有的"领土、合法武力和法律体系"三个特点是其他诸如国际组织等非国家行为体所不具备的。况且，全球公民社会在国际事务中发挥的更大作用"并不妨碍民族国家在地区和国际的层次发挥积极的协作作用"①。

(3) 全球文化对全球公民社会认同建构的影响

文化是现实世界的综合反映。它起源于"它所依赖的自然环境、经济方式和人与人之间的关系等，各民族在自己的生活区域中形成各自独特的文化"②。文化本质上是一种精神性的存在。这种精神性存在对人类社会极为重要，它是维系国家、民族、社会长期存在与发展的精神纽带。人类社会之所以能够长久发展正是得益于社会公众内心的价值积淀。文化是社会的黏合剂，不断交流的文化实现了社会公众认同的形成。从某种意义上说，文化是认同形成的基础。如，中国的传统文化是对中华民族语言、习俗及心态的总结与整合。它是中华民族的文化源泉，是中华民族认同的基础。

全球化的不断发展极大地改变了人类社会文化发展的进程，促进了全球文化的生成。这种全球文化包括民族文化中的先进、合理性成分的被接受的部分、行为体在交往中共同创造的新的文化部分。③ 全球文化超越了

---

① 杨筱：《认同与国际关系——一种文化理论》，博士论文，中国社会科学院研究生院，2000 年，第 45 页。

② 杨旗：《全球文化：一个不断扩展的概念》，载《中南民族大学学报》（人文社会科学版）2007 年第 3 期，第 134 页。

③ 吕松涛：《论全球文化的生成》，载《福建党史月刊》2005 年第 12 期，第112 页。

民族文化，增加了人类文化的同质性与共性，并最终催生了"全球意识"。"全球意识"、"全球观念"的产生对全球公民社会的发展产生积极影响，有利于全球公民社会普遍价值的形成从而促进全球公民社会认同的建构。

（三）全球公民社会认同对环境非政府组织作用发挥的正向促进

作为当今国际体系中的新兴力量，全球公民社会的不断壮大促成了其认同的逐步建构与加强。这对作为其重要组成部分的环境非政府组织作用的发挥提供了广阔的舞台，为环境非政府组织作用的持久发挥打下了良好的基础，推动了环境非政府组织的发展。

1. 全球公民社会的认同推动了环境非政府组织获取社会合法性

合法性（Legitimacy）是个外来词，源于拉丁文"legitimism"。最初的意思是指王位继承的合法身份，含有"符合法律"、"正当"的意思。合法性的概念源于西方，合法性（Legitimacy）作为一个名词出现在中世纪，其意思仍然保有"合乎法律"的意思，但更多地被用来指权力获得的正当性，因此合法性被更多地赋予了政治内涵。[①] 后来，马克斯·韦伯则将合法性与成文法律紧密结合。他认为："今天，最普遍的合法性（legitimacy）的形式是对法定性（legality）的信仰，即接受形式上正确并按照法律制定的法规。"[②] 法国思想家让－雅克·卢梭则把合法性与正当性紧密结合。他认为："人民的公意是合法性的基础，只有服从与遵守人民之间达成的契约的统治才是合法的，反之则是不合法的，人民没有服从的义务。"[③] 法国学者让－马克·夸克（Jean－Marc Coicaud）把合法性与国家、政治紧密地结合在一起。他认为："合法性是与国家紧密结合在一起的，是对统治者与被统治者关系的一种评价，它是政治权力及其拥有者证明自身合法性的过程。"当代著名学者尤尔根·哈贝马斯认为："只有政治秩序存在着合法性与否的问题，它们就有合法化的必要，而像跨国公司等经济行为体不存

---

① ［法］让－马克·夸克：《合法性与政治》，佟心平、王远飞译，中央编译出版社 2002 年版，第 1 页。

② ［德］马克斯·韦伯：《经济与社会》（上卷），林荣远译，商务印书馆 2004 年版，第 241 页。转引自于延晓《中国共产党执政的合法性研究——以权力与权利的关系为进路》，博士论文，吉林大学，2007 年，第 19 页。

③ ［法］让－雅克·卢梭：《社会契约论》，何兆武译，商务印书馆 1997 年版，第 29 页。

在合法性问题。"① 可见，合法性是一个复杂性的概念，各国学者更多描述的是政治合法性，对法律合法性有涉及，但没有对社会合法性的论述。其实，合法性是一个多元复合型的概念，它不但包括政治合法性与法律合法性，还包括社会合法性。② 社会合法性是指"因符合某种社会正当性而赢得一部分民众认同、支持乃至参与。"③

社会合法性是民间社会组织力量存在与发展的基础、力量源泉。社会合法性对民间社会组织力量至关重要，这是它们开展活动的前提与基础。民间社会组织力量在不具备法律合法性的前提下，社会合法性可以保证其存在与发展，其开展的活动才能富有成效从而为社会公众所认同。没有获得一定社会认同的社会组织是无法立足的，筹措资源开展活动更是无从谈起，有时连组织注册的基本资金都无法筹措。全球公民社会的认同建构推动了世界范围内社会公众力量对全球公民社会的认同与支持。作为全球公民社会重要组成部分的环境非政府组织也必然会进一步受益于全球公民社会的认同建构，进一步扩大自己的群众基础。这也使环境非政府组织自身的存在与发展建立在广泛公众支持的基础之上，通过各种方式不断扩大社会公众的认同、支持与参与，从而获取社会合法性。从某种意义上讲，全球公民社会的认同建构与环境非政府组织的社会合法性获取二者之间是紧密联系、双向互动的关系：全球公民社会的认同建构促进了环境非政府组织获取社会合法性；环境非政府组织社会合法性的获取将进一步推进全球公民社会的认同建构，二者在互动中实现着共同的发展。

2. 全球公民社会的认同促动了环境非政府组织的发展与作用持久发挥

全球公民社会是全球化背景下的国际体系中的新现象，是一个逐渐崛起中的新行为体。全球公民社会的认同也是一个新问题，其建构也是一个新过程。因为认同的建构是一个渐进的过程，包含着认同的不同阶段与层次。因此，全球公民社会的认同建构是由全球公民社会作为一个行为体的自我身份确立、角色认同形成与集体认同的建构以及全球公共价值观念的认同建构几个部分组成的。全球公民社会的自我认同与角色认同有助于全

---

① ［德］尤尔根·哈贝马斯：《交往与社会进化》，张博树译，重庆出版社1989年版，第184 – 185页。

② 段绪柱：《政治发展进程中的第三部门作用浅析》，载《行政论坛》2005年第3期，第63页。

③ 同上。

球公民社会确立自我身份及明确其在国际体系中扮演的基本角色。全球公民社会的自我身份认同与角色认同有助于环境非政府组织实现自我身份的认同与角色身份的认同。这一认同过程是环境非政府组织实现自我存在与发展并最终发挥作用的基础与前提。没有明确的自我身份与角色确认，行为体是很难在竞争激烈的国际体系中存在与发展下去的。在全球公民社会的认同建构过程中会涉及全球公民社会的各个组成部分，这些组成部分之间的互动也是全球公民社会认同建构的重要影响因素。集体认同是认同的高级阶段或高级形式。全球公民社会的集体认同建构是其各组成部分之间通过认知、学习及互动的联系与沟通实现自我与他者界限的模糊与趋同。它的形成实现了全球公民社会各组成部分之间的感情依赖，有助于将他者纳入全球公民社会自我的身份界定与认同中，最终建立起更为广泛的身份共同体与利益共同体。全球公民社会集体认同的形成使全球公民社会的整体身份更加明确，力量与影响力更为强大，有助于其在国际体系中发挥更大的作用。全球公民社会的强大将进一步推动社会力量的崛起，因此必然带动作为其组成部分的环境非政府组织的发展与作用发挥。同样，环境非政府组织的发展与作用发挥也将有助于全球公民社会集体认同的形成与发展，它们之间的这种互动关系可以用"大河有水小河满，小河无水大河干"来形容。

另外，全球公民社会的观念认同建构过程也是全球公民社会内生观念与外生观念共同内化形成新的观念认同的过程，这一过程也是全球公共价值观念逐渐形成认同的过程。全球公民社会的观念认同将有助于全球共同价值观念的普及，从而吸引更多的社会参与者参与全球治理过程之中。全球公民社会的观念认同将进一步推动全球共同价值观念在环境非政府组织中渗透与普及，有助于环境非政府组织吸引更多的环境保护人士积极参加环境非政府组织并积极参与环境非政府组织所组织的各项活动，推动环境治理与环境保护的有序开展。从某种意义上说，全球公民社会的观念认同促进了环境非政府组织的发展与作用持久发挥。

二 全球公民社会确立的规范是环境非政府组织发挥作用的关键

无政府状态是当今国际体系的最显著特点。当然，无政府状态不等同于无序状态，无政府状态说明国际社会缺乏一个有强制执行力的世界中央政府。在这种情况下，国际行为体在国际社会中的行为往往要受规范与规则的调节与约束。全球公民社会作为国际体系中的新兴力量，其在规范创制与确立过程中发挥着不可替代的作用，其确立的规范在推动全球善治实现过程中更是作用显著。环境非政府组织作为全球公民社会的重要组成部分，其行为活动必然也要受到全球公民社会确立的相关规范的调节与制约。这些规范为环境非政府组织发挥自身积极作用提供了相关规则与依据，是环境非政府组织发挥自身积极作用的关键。究竟什么是规范？全球公民社会在规范建构与发展中发挥了哪些作用？其确立的规范对环境非政府组织发挥自身作用有何影响？下面我们进行系统的分析与探讨。

（一）规范的基本逻辑：概念、类型及作用

1. 规范的概念

"规范"作为一个词汇，其在社会的各个领域被广泛使用。"规范"作为一个问题，也是社会科学研究中的一个重要问题。对于规范的认识与研究可谓是历史悠长，至少两千多年的历史了。亚里士多德（Aristotle）和柏拉图（Plato）早在公元前 4 世纪就认识到良好与正义的社会规范形式对人们的行为发展具有重要的意义。① 国际政治领域中的学者在不同的层面与语境中对"规范"进行了使用与解读。现实主义的鼻祖汉斯·J. 摩根索（Hans Joachim Morgenthau）认为："道德规范与国际法规范对限制主权国家使用武力具有重要作用。"② 现实主义的另一个重要代表人物爱德华·卡尔（Edwards Carl）也认为："对道德规范因素的抛弃是导致现实主义的失败的重要因素之一。"③ 随着行为主义政治学的发展，加之"规范"量化的难度很大，"规范"问题在 20 世纪 70 年代成为无人问津的问题而被抛在一旁。随着国际机制理论的兴起，这种状况才得以改变。以亚历山大·温特（Alexonder Wendt）为代表的建构主义学派把"规范"问题作为一个核心问题加以研究，实现了"规范"问题研究的回归。他们把"规范"问题上升到理论层面。理论要有所突破的"规范"研究首要的任务就是实现对"规范"的科学定义。

① Martha Finnemore and Kathryn Sikkink, "*International Norm Dynamics and Political Change*", International Organization, Vol. 52 Issue 4, Autumn 1998, p. 889.

② Has J. Morgenthau, *Politics Among Nations: The Struggle for Power and Peace*, 6th ed., revised by Kenneth Thompson, New York: McGraw – Hill, 1985, p. 5.

③ Edward Carr, *The Twenty Years' Crisis*, 1919 – 1939: *An Introduction to the Study of International Relations*. 2nd ed. Reprint, New York: Harper and Row, 1964, p. 89, 97.

在现实的日常生活中，人们往往把规范与规则、规章等概念相等同，其实这三者之间有着明显的区别。① 规范的范围要远远大于规则与规章，规则往往侧重于管理方面，规章则往往与国内政府密切相连。那么究竟什么是规范？规范的定义是什么呢？英国学派的代表人物之一赫德利·布尔（Hedley Bull）认为规范是"一种法律或道德规则"②，是"指要求或准许特定的一类人或团体以特定的方式行事的一般指令性原则。"③ 作为建构主义的代表人物之一，美国著名学者彼得·卡赞斯坦（Peter Katzenstein）认为："规范是对于某个给定认同所应该采取的适当行为的集体期望。"④ 建构主义学派的代表人物亚历山大·温特（Alexonder Wendt）也基本赞同这一看法。建构主义的另一个重要代表人物——美国学者玛莎·芬尼莫尔（MarthaFinnemore）认为："规范可以指导和制约人们的行为；规范往往也限制了人们可以选择的行动范畴，因而约束了人们的行动。因此，关于适当行为的共有观念、期望、信念等因素使世界有了结构、秩序和稳定。"⑤ 因而她认为规范的定义应这样界定，"规范是具有给定身份的行为体适当行为的准则"⑥。她还认为制度与规范之间存在着密切的联系，"制度是规

---

① 规范（norms）的英文含义是：权威性的标准或者模范或典型或者广为流传的实践、程序或者习俗；规则（rules）的英文含义是：管理行为的指导或原则或做某种事的通常办法；规章（regulations）的英文含义是处理程序细节的规则或由政府的行政部门发布的命令，具有法律效力。具体参见韦氏词典（Merriam – Webster Dictionary）Norm：1. an authoritative standard or model, 2. a typical or widespread practice, procedure, or custom. Rule：1. a guide or principle for governing action, 2. the usual way of doing something. Regulations：1. a rule dealing with details of procedure, 2. an order issued by an executive authority of agovernment and having the force of law.

② 转引自章前明《英国学派与建构主义中的规范概念》，载《世界经济与政治论坛》2009 年第 2 期，第 112 页。

③ Hedley Bull, *The Anarchical Society: A Study of Order in World Politics*, New York: Columbia University Press, 1977, p. 54.

④ ［美］彼得·卡赞斯坦：《国家安全的文化：世界政治中的规范与认同》，宋伟、刘铁娃译，北京大学出版社 2009 年版，第 56 页。

⑤ 转引自章前明《英国学派与建构主义中的规范概念》，载《世界经济与政治论坛》2009 年第 2 期，第 112 页。

⑥ ［美］玛莎·芬尼莫尔：《国际社会中的国家利益》，袁正清译，浙江人民出版社 2001 年版，第 29 页。

范的一种组合和表现形式"①。

从上面的分析中我们可以发现不同派别的学者对规范的界定是不同的。如英国学派与建构主义学派对规范的界定就截然不同。英国学派所界定的规范概念是从道德与法律的视角进行的，而建构主义则是从政治与社会学的视角进行的。② 建构主义的认同概念与初步涉及规范概念的研究者所作的规范概念是不同的。初步涉及规范概念的研究者主张规范与规则等行为准则分开进行界定的狭义界定规范概念，而建构主义则对规范进行了广义界定，认为规则等其他形式的行为准则包含于规范之中。建构主义对规范的认识基本是一致的，但也有细微的不同：彼得·卡赞斯坦（Peter Katzenstein）与亚历山大·温特的规范概念更为抽象，是从观念意识的层面进行解读。玛莎·芬尼莫尔的规范概念则是从行为体的视角进行概念界定，将规范界定为一种行为准则。笔者认为，规范应该是一种社会存在，是存在于不同主体间的，不是一种观念中的行为准则。另外，规范应该是一种行为准则，而不应该是行为体的一种预期或期望。正是基于这种考虑，笔者认为玛莎·芬尼莫尔的规范定义是相对客观、比较符合现实生活的。

2. 规范的类型

规范的种类多种多样，从不同的角度可以对其进行不同的分类。根据规范的作用，我们可以把规范分为"限制性规范、构成性规范、评价性规范与实践性规范"③。限制性规范是一种适当行为规范，制约人们的行动。如安全规范、人道主义战争规范等。构成性规范是塑造新的行为体，帮助行为体形成新的身份认同的规范，如欧盟成立后所构建的超国家认同——欧洲认同等。评价性规范是一种道德原则，主要是指在一种价值观念支配下得道德判断，如人权规范、妇女解放规范等。实践性规范是指为实现对具体问题的解决，而为各方普遍接受与认同的最佳解决办法，如环保规范、贫困解决规范等。（四者之间的区别具体参见表 3 – 1）

---

① Martha Finnemore and Kathryn Sikkink, "*International Norm Dynamics and Political Change*", Exploration and Contestation in the Study of World Politics, p. 251.

② 章前明：《英国学派与建构主义中的规范概念》，载《世界经济与政治论坛》2009 年第 2 期，第 113 页。

③ 彼得·卡赞斯坦（Peter Katzenstein）根据规范的作用把规范划分为上述四种规范。具体参见 Peter Katzenstein, *The Culture of National Secutity：Norms and Identity in World Politics*, New York：Colubia University Press, 1996, p. 5。

表 3 - 1　　　　　　　　　　规范的基本类型

	定义	例子
限制性规范	一种适当行为的规范	安全规范
构成性规范	塑造行为体的身份认同	超国家的欧洲认同
评价性规范	一种价值观念支配下得道德判断	人权规范
实现性规范	现实问题的最佳解决办法	环保规范

资料来源：转引自杜娟《国际规范的传播：社会化和本土化》，上海交通大学博士论文，2008 年，第 24 页。

　　当然，对规范实现完全的区分是不现实的，这种区分是为了对规范的外延有更加清晰的认识。现实中，往往一个规范就包含有四种规范的内容。

　　根据规范的应用范围的不同，规范又分为国内规范与国际规范。国内规范是指在一国主权范围内具有广泛约束力的规则集合体，如主权国家内的国内法。国际规范则是指国际社会中具有广泛约束力的规则集合体，如已被 191 个国家签署的《联合国气候变化框架公约》（United Nations Framework Convention on Climate Change）等。国内规范与国际规范之间存在着密切的联系，很多国际规范就是来源于国内规范，一国的国内规范经过国际社会的认同往往也可以上升为国际规范，如妇女解放的很多国际规范就是来源于国内妇女解放的规范。国际规范经过消化与转化又可以内化为国内规范。

　　3. 规范的基本作用

　　规范作为一种行为准则，无论是在国际社会中还是在主权国家内部都发挥了积极的作用。规范是如何发挥作用的呢？规范作用的发挥经历了这么三个阶段：规范产生—规范被广泛认同与接受—规范内化。规范的产生阶段是规范倡导者通过各种途径或方式推动国家与社会接受新的规范。规范被广泛认同与接受阶段是规范的主导国家通过社会化过程实现规范的普及。规范内化阶段是规范被广泛认同与接受后，规范成为行为体自觉遵守的行为准则与习惯。在这一过程中，哪种规范被倡导与接受，这与规范的合法性与显要性密切相关。由规范的形式与内容所构成的规范内在特征决定了规范影响力的大小。

　　规范的作用首先体现为规范的制约与约束作用。规范的倡导者通过各种方式开启了国家与社会对新的规范的认可过程，经过长时期反复实践的规范最终被内化为行为体的行为准则，成为行为体自觉执行的惯例。这将有效约束行为体的不被认可行为，实现社会的有序发展。其次，规范影响行为体在实现自身目标中采取的行为方式与手段。行为体在实现自身目标或价值的过程中，方法或手段可以说有很多，但如何实现自身所采取的方法或手段能够为与之有密切联系的行为体所认同与接受是一个非常重要的问题。规范可以帮助行为体采取哪些能够为自身与其他行为体所接受与认可的方式。如人道主义干涉这一规范已经成为当今国际社会中各个行为体普遍接受与认同的规范，但人道主义干涉的方式与方法可谓是多种多样，但基本的趋势是多边化，因而霸权主义式的单边干涉就很难为各方所认同与接受。最后，规范对其他规范性结构具有重要影响。在国际社会中有不同层次的规范，这些规范之间是相互影响，互动发展的，这些互动发展的规范最终形成了一个规范网络系统。因此，规范之间往往成为影响对方的因素，可以说，"一个领域内规范的成功使得与之在逻辑上和道德上相关的新的规范诉求得到巩固并合法化"①。

（二）规范建构：全球公民社会的作用

全球化的不断发展给世界各国带来发展机遇、联系更加紧密等诸多积极作用的同时，也给世界各国人们带来诸多的全球性问题。为了应对与解决全球性问题，全球治理、全球公民社会随之产生。可以说，全球治理与全球公民社会是伴随着全球化不断深入发展而出现的新事物、新概念。全球治理的实现既要行为体的积极参与，更需要相关规范的保障。现实的全球治理体系中，相应规范的匮乏造成诸多全球性问题解决难以持续，更谈不上问题的永久解决。全球公民社会作为一种新兴的行为体在推动国际治理规范建构中发挥了积极而重要的作用。

1. 全球治理中的规范缺失

（1）基本表现

全球治理是国际体系中的各种行为体通过平等对话、协商合作等多种方式来共同应对全球问题的一种新的人类公共事务管理机制、方法和活动，它是人类整体论与共同利益论的集中体现。② 全球性问题的出现，如

---

① ［美］玛莎·芬尼莫尔：《干涉的目的：武力使用信念的变化》，袁正清、李欣译，上海世纪出版集团 2009 年版，第 58 页。

② 谢雪华：《关于全球治理的几个问题》，载《湖湘论坛》2009 年第 2 期，第 120 页。

环境污染、生态破坏、跨国犯罪、发展不均衡等，已经严重影响了人类社会的存在与可持续发展，这些问题的解决仅仅依靠一个或几个国家的力量是无法解决的。为了维护人类的共同利益，全球治理就成为人类的必然选择。当然，全球治理不仅仅是主权国家机构、政府间国际组织等正式制度和组织制定和维持管理世界秩序的规范与规则，其他的非正式制度和组织如非政府组织、跨国社会运动等也是全球治理规范与规则的积极追求者与倡导者。

全球治理的实现过程是一个长期的过程。在这一过程中必须有为各行为体共同认同与遵守的规范作为保障，否则全球治理很难实现，全球性问题的解决更无从谈起。因此，全球治理规范在全球治理中处于核心地位。因为没有一套为各行为体共同遵守并对各行为体具有约束力的普遍规范，全球治理就无从谈起。

在前面的分析中我们就谈到规范本是一个社会学概念，后被国际关系学者引入到国际政治中来，成为建构主义的一个核心概念。自此以后，规范和规范问题成为国际政治研究的核心问题之一。

建构主义认为："规范通过构成性和规定性两种作用逻辑影响行为体的具体行为，重新界定自身利益，并且重新建构行为体认同。"① 规范实现了社会关系的建构与社会认同的形成，对社会整体性的增强具有重要的作用。然而，在当前的全球治理实践中，能够为各行为体共同遵守并对各行为体具有约束力的普遍规范是比较缺乏的。全球治理中的规范缺乏主要表现为这四个方面：一是有效合作规范缺乏。全球性问题的解决必须依靠行为体各方的团结一致与共同合作，尽管世界上存在着许多不同的合作规范机制但这些规范机制由于受到国家利益利己性的限制而无法发挥应有的作用，导致诸多合作实践没有效果。建构一种能突破国家利益利己性的合作规范成为全球治理走向有效的必然要求。二是公平尺度规范缺乏。在当今的国际体系中，各个国家的公平尺度规范不一，有些甚至是自相矛盾，这就使得社会制度安排往往不能满足人类社会的可持续发展目标要求，不同国家在应对全球性问题中的责任分配也不公平。三是民主规范缺乏。"民主被假定为人们相互联系、相互依存和协调差异的非强制性政治进程。"②

---

① 林永亮：《全球治理的规范缺失与规范建构》，载《世界经济与政治论坛》2011 年第 1 期，第 25 页。

② ［英］戴维·赫尔德：《重构全球治理》，载《南京大学学报》（哲学·人文科学·社会科学）2011 年第 2 期，第 20 页。

全球治理的实现需要各行为体的共同参与，相关政策的出台与实施需要民主规范为基础，否则就会出现违背人民意愿的民主赤字，相关政策就没有了合法性基础。当今国际社会中更多出现的是发达大国主导的影子，小国利益、发展中国家利益往往得不到重视，甚至被抛弃一旁；四是问责规范缺失。全球治理中的各种规范在实施过程中需要各行为体的共同遵守，为了保证规范的实施与权威就需要对不遵守共同规范的行为体施加相应的惩治措施，也就是问责规范。然而在当今的国际体系中，由于缺少一个世界权威政府的存在，加之规范的约束力不够使得违反共同规范的事例时有发生，但真正受到惩治的却是微乎其微，问责规范的缺乏严重影响了全球治理的推进。

（2）主要原因

全球治理规范的缺失使得行为体采取行动的出发点往往难以超越自身利益的考量，致使国际体系在一定程度上仍处于一种无政府状态，全球治理进程也因而陷入困境。全球治理规范缺失的主要原因是：

第一，理念与逻辑的持久分歧。世界分为实然世界与应然世界。我们生活在实然世界中，但这并不妨碍人们对应然世界的向往与追求。可以说，"对'实然'世界的认识和对'应然'世界的向往便构成了人类的一个永恒主题。"① 但由于各自逻辑出发点的不同，导致人们心目中的"应然"世界也是各不相同。这也是思想家们对未来世界秩序与"应然"世界的认识与界定存在差异与不同的重要原因。正是这样，在西方国际政治学界有了世界主义与社群主义的论争②，这种论争也是当今全球治理规范难以建构的重要原因。因为现实往往是理论的另一种表达。

第二，主权至上原则仍然有广泛的市场。自威斯特伐利亚会议确立了

---

① 林永亮：《全球治理的规范缺失与规范建构》，载《世界经济与政治论坛》2011年第1期，第29页。

② 世界主义与社群主义是自由主义与社群主义论战在国际关系领域的延续。"世界主义"强调作为个体的人的平等，主张世界是一个单一的共同体，因而表现出对人权的普遍性、分配的正义以及民主价值观的强烈诉求。"社群主义"强调国家的道德地位，主张国际文化多元化，因而表现出对人道主义干预和全球分配正义等问题的强烈的戒心。由于社群主义强调国家的道德地位，因此国家在它这里具有天生的正义性。现在的国际体系中，国家至上仍然拥有广泛的市场，这一耦合导致了从"现实"出发的政治现实主义将国家作为国际关系的主要行为体，因此就与生俱来地带有了强烈的社群主义的色彩。而西方自由主义所做的工作，正是努力探索从现实主义（社群主义）走向世界主义的道路。

主权至上原则以来，这一原则已经成为一个影响巨大的全球性规范，尽管自由主义以对个人的关注为价值取向，不断对国家至上原则进行着解构并取得了一系列的重要成果。如欧盟建立的理论基础就是自由主义。然而，主权至上原则仍然拥有广泛的市场。在当今的国际体系中，各国在互相的联系与互动中首先考虑的仍然是自己的国家利益得失，国家利益成为国际博弈与合作的首要考虑因素。在这种情况下使得人们往往很难产生对超国家层面的认同，全球治理共同认知与共同规范的产生更是难上加难。

第三，全球化各领域与各行为体之间缺乏协调与整合。全球治理共同规范的形成往往与全球化各领域之间和全球治理行为体之间的协调与整合有着密切的联系。只有全球治理各个领域之间和各行为体之间不断进行协调与合作，才能实现共同利益的整合，最终产生具有普遍意义的全球治理规范。然而，现实的全球化却是一个发展极为不平衡的过程，各领域之间发展极为不平衡：经济全球化发展较为显著，其他全球化进程发展缓慢。各个领域之间缺乏协调与合作，各个行为体之间也缺乏协调与合作。这就导致价值不同的规范出现，而体现人类共同价值的规范则相对缺乏。本来全球治理中的共有规范就十分匮乏，在这种情况下缺乏整合与协调的各领域与各行为体对形成新的共有观念与规范更是带来不利影响。

2. 全球治理规范建构的基本原则

当今国际社会中的规范缺失使得人们从不同的立场与逻辑对世界的未来治理规范阐述了各自的立场与看法。这些立场与看法使得人们很难在共同的治理规范上达成一致，导致了全球治理规范的建构困难。规范建构的困难不代表不建构规范，这从另一方面体现了全球治理规范建构的必要性与重要性。特别是在全球化不断深入发展的今天，全球性制度与规范建构对人类社会来说更显迫切与重要。全球治理的规范建构是一个过程，在这个过程中要遵循以下几项基本原则。

第一，坚持普遍主义与特殊主义的统一。全球治理到底需要什么样的规范？这不仅仅是一个现实性问题，也是一个理论性问题。全球治理是一个具有复杂性与多元性的问题，这就使得我们很难明确界定全球治理规范的具体内容。问题的复杂不代表不去解决问题。确定全球治理规范的逻辑前提便是要明确其理论基础：是以普遍主义为基础还是以特殊主义为基础？这是建构全球治理规范必须回答的问题。无论是普遍主义还是特殊主义都有各自的优势与合理性也有各自的不足与缺陷，把任何一个理论作为全球治理规范建构的理论基础都是不全面、不科学的。必须坚持普遍主义与特殊主义的统一，合理利用各自的优势，规避不足，实现全球治理规范的科学建构。

第二，坚持适宜性与导向性的兼顾。全球治理规范的建构不仅是社会的自发行为，更是行为者的自觉行为。全球治理规范能否得到国际社会的认同与普及不仅仅依靠规范倡导者的大力推广，也要看规范自身的适宜性。也就是说，"新生规范所倡导理念与国际社会权益结构与观念结构的互动情景（interacting context）所表现的偏好是否契合"①。规范的适宜性与否对规范能否被广泛认同与传播有着直接的关系。所以全球治理规范建构必须对国际社会具有很好的适宜性。另外，新的规范之所以能够被建构往往在于其与旧规范相比具有原有规范没有的创新性，这种创新性是对原有旧规范的否定或超越，也就是规范的导向性。当然这种导向性不是凭空臆造的，而是在原有旧规范基础上的一种创新。这种创新一方面体现了新规范与原有旧规范之间存在着密切的联系，另一方面又体现了新规范对世界发展趋势的准确把握和未来世界政治架构的摸索。所以全球治理规范建构也必须体现一定的导向性。

第三，全球治理规范建构是一个漫长的过程。认同的形成是一个缓慢的过程，这也是由于观念的变革的缓慢所导致。全球治理规范的建构也要经历一个漫长的过程，因为这中间也要经历规范的认同过程。另外，由于目前主权国家在当今的国际体系中仍然占据主导地位，国际互动中的权益博弈仍然难以超越。在这种背景下，全球治理规范即使具有很好的理论基础、较强的适宜性与导向性，也仍然面临着一个谁来倡导和如何倡导的问题。这就决定了全球治理规范的建构不是一朝一夕、短时间内就能顺利完成的事情，其必定要经历一个漫长而曲折的过程。

3. 全球公民社会在规范建构中的积极作用

（1）全球公民社会是规范价值理念的积极倡导者与创新者

前面我们谈到，规范建构不仅仅是一个现实性问题，也是一个理论性问题。全球治理过程中的规范到底是什么样的规范？具体规范的内容是什么样子的？就从目前的现实情况来看，还是很难确定的，但规范背后所蕴含的基本价值理念还是要弄清楚的。也就是说，全球治理规范所蕴含的基本价值理念要反映当今的全球治理的基本现实与未来发展趋势。全球公民社会作为全球化背景下发展起来的超越国家与市场之外的社会领域，它具有国家与市场所没有的独特的优势与特点，能够超越国家与市场的利益局

---

① 林永亮：《全球治理的规范缺失与规范建构》，载《世界经济与政治论坛》2011 年第 1 期，第 30 页。

限，倡导有利于全人类发展的共同价值理念。如合作、民主治理、有效公平等价值理念。当然，全球治理规范的基本价值理念也是随着时代的发展而不断更新的。因此，全球治理规范价值理念也要不断创新。全球公民社会作为新兴的国际行为体，它们来自全球社会领域。它们与全球各国的社会民众接触广泛，能够听取与整合他们的利益诉求，使全球公民社会倡导的基本价值的普及与创新建立在广泛的民众基础之上，使它们的基本价值理念具有更好的适宜性与创新性。从这个层面说，全球公民社会是规范价值理念的积极倡导者与创新者。

（2）全球公民社会促进了全球治理规范的建构

全球公民社会是全球治理的主要依靠力量之一，换句话说，全球公民社会是全球治理的基础。全球公民社会作为存在于国家与市场之外的第三方跨国社会力量，具有跨国性、全球性和公益性。因此，它们往往可以超越国家利益利己性的局限，促进具有公益性、全球性、适宜性与导向性相结合的规范建构，推动全球治理的良性发展。全球公民社会通过多边外交的途径积极参与全球治理，它们频繁出现在国际社会各个领域与外交场合，积极参与和影响全球治理的各个过程，特别是全球治理的决策过程。[①]在联合国召开的多次环境与发展大会上都有全球公民社会参与的身影，在世界贸易组织（WTO）、国际货币基金组织（IMF）等多种多边外交场合也有全球公民社会积极参与的身影。它们的参与一定程度上打破了主权国家与政府间国际组织对全球治理事务的垄断。全球公民社会在参与全球治理的过程中，通过各种途径积极阐述自己的关于全球治理的观点、立场和规范，并积极发展与主权国家、政府间国际组织的交流与合作，实现全球治理规范建构的多方参与，多方整合，最终为实现科学化规范的建构奠定良好的基础。可以说，全球公民社会不仅积极参与了全球治理规范的建构，而且还利用自身的特点与优势提出了全球治理规范的各种规范范本。如全球公民社会利用自身在环境领域方面的独特优势，创设了环境治理方面的一些行业标准与规范。这些环境标准与规范为全球治理中的环境治理规范建构提供了新的材料与范本，促进了全球治理规范的建构与发展。

（3）全球公民社会推动规范的普及，发展与创新

全球治理中的规范要真正在全球治理中发挥作用，一个重要的前提就是要推动全球治理规范的普及，从而使全球治理规范能够为全球治理各行

---

① 陶涛：《全球治理中的非政府组织》，载《当代世界》2007年第4期，第20页。

为体所接受与普遍认同，否则全球治理规范是无法真正发挥作用的。全球公民社会在规范的普及发展与创新方面具有自身的优势，它们推动了规范的普及与创新。

当今的国际体系，从某种程度上还是处于无政府自助状态。主权国家是国际体系中的主要行为体，它们所有活动的基础就在于获得与维护本国利益的最大化。这种情况下就使得主权国家对于有可能对国家利益造成损害的规范持消极甚至反对态度。而全球公民社会考虑问题的基点往往不是某个国家或某个党派的利益而是全球的公共利益。因而它会积极推动相关规范的普及，实现规范能够为广大民众与各行为体所认同与接受，从而对国家行为形成约束，推动全球公共利益与基本价值的维护。另外，规范也要不断发展与创新。只有这样才能实现规范的适宜性与导向性的紧密结合。全球公民社会所具有的"非政府性、公益性、专业性与灵活性"等特点可以使其积极参与到主权国家或政府间国际组织无法、无力或不便参与的诸多领域中规范的建构与发展。它们经过长时期的不懈努力将最终推动规范的成功建构与发展。当然，新的规范确立需要一个较长的时期，因此这就需要新规范具有较强的导向性，即新规范能够反映未来世界的基本发展趋势。全球公民社会由于自身所具有的信息、专业等优势可以较好地把握世界发展的基本走向与未来趋势，从而实现规范的创新与未来发展基本一致。所以我们说全球公民社会推动了规范的普及、发展与创新。

(三) 全球公民社会确立的规范对环境非政府组织作用发挥的积极影响

全球公民社会积极推动了全球治理规范的建构与发展。这些规范的建构与发展为环境非政府组织作用的发挥提供了基本依据，使环境非政府组织开展的活动获得了合法性的支持与保障。全球公民社会确立的全球治理规范中倡导的价值理念丰富了环境非政府组织的价值理念与追求目标，也促进了环境非政府组织网络化的发展，为环境非政府组织作用的持久发挥奠定了良好的基础。

1. 全球公民社会确立的规范为环境非政府组织作用发挥提供了基本依据

规范是一种行为准则，是行为体活动的指南。它的建构与确立可以实现对行为体活动的有效约束。从另一种意义上讲，规范给行为体提供了可遵循的基本行为准则。全球公民社会发端于全球的社会力量，分布广泛的社会公众是全球公民社会的力量基础。这就使得全球公民社会在规范的建构过程中具有更广泛的代表性，倡导的规范具有广泛的社会合法性。经过全球公民社会的不断努力与传播，其倡导的规范不断得到主权国家及政府间国际组织的认可与承认，从而也具有广泛的政治合法性。具有了主权国家赋予的政治合法性与社会民众赋予的社会合法性的规范便具有了至高无上的权威。它可以有效地对各行为体形成制约与约束，规范其行为，保证国际社会的有序运转。

环境非政府组织作为全球公民社会的一个重要组成部分，全球公民社会确立的规范一方面对环境非政府组织的活动进行了约束与制约，促使环境非政府组织在全球公民社会有效监督下的有序发展。另一方面，全球公民社会确立的规范也给环境非政府组织发挥作用提供了合法性的支持，保证了环境非政府组织作用的有效发挥。合法性大小是检验行为体及其活动效率的有效标准。没有合法性基础的行为体及活动往往是无效行为，得不到社会公众的认可与支持。全球公民社会确立的规范由于具有广泛而强大的合法性，可以使环境非政府组织及其作用发挥具有了强大的合法性基础。

另外，全球公民社会确立的规范涉及全球治理的各个领域、各个方面。这些都对环境非政府组织在全球治理的各个领域、各个方面进行活动并发挥其自身的积极作用提供了基本的依据，活动开展与作用发挥可以合法、有序、有效进行。

2. 全球公民社会倡导的规范理念丰富了环境非政府组织的理念与目标

行为体所进行的活动、所积极建构的规范背后往往体现着自身所倡导的基本价值理念与目标。全球公民社会所建构与倡导的规范也不例外，其背后也必然体现着全球公民社会所追求与倡导的基本价值理念与目标。全球公民社会作为全球化背景下民间社会力量的整合与发展，其参与建构与倡导的规范是对全球治理的有效回应。全球治理要求行为体的多元参与和规范中往往蕴含着有效合作理念、多元化理念、民主治理理念、可持续发展理念以及权利与责任理念等。

环境非政府组织的价值理念与目标往往是和环境治理与保护紧密联系，或者是环境治理与保护中的某一个方面、某一个领域。它们对环境以外事关人类发展的问题往往是漠不关心。全球公民社会所倡导的规范理念进一步丰富了环境非政府组织的价值理念与发展目标，使环境非政府组织的关注领域和活动范围不断扩大，越来越广泛，由过去的单一环境问题转向综合性问题的关注与解决。如可持续发展问题、人权问题，以及世界自然基金会成立之初主要关注濒危物种及其栖息地问题。在 20 世纪 70 年代以后，其开始全面关注自然保护并把发展与自然保护结合起来，活动范围和领域已经大大超出了原有的野生生物保护范围。因此1986年世界自然基金会把原来的组织名称——世界野生生物基金（World Wildlife Fund）——改成现在的组织名称（美国与加拿大仍然使用旧名）①。20世纪90年代以后，世界自然基金会的活动范围和领域又得到扩展，涉及全球气候变化、土地沙漠化、海洋污染等几乎所有的环境领域②。

3. 全球公民社会确立的规范有利于环境非政府组织作用的持久发挥

作用的持久发挥依赖于行为体的发展。环境非政府组织的发展是其作用持久发挥的前提与基础。全球公民社会确立的规范推动了环境非政府组织的发展。

首先，全球公民社会倡导的多元民主治理理念及其规范推动了环境非政府组织的网络化发展。全球治理不是仅仅依靠国家——政府及政府间国际组织就能实现的，它需要各种行为体的多方参与与民主治理。全球公民社会的多元民主治理规范推动了环境非政府组织的发展，环境非政府组织的发展呈现出网络化发展的趋势。在20世纪90年代以后，各种环境非政府组织已经建立起比较完善的全球网络及联盟体系（具体见图3-2）。这就使得各个环境非政府组织之间可以实现交流与合作，力争用一个声音说话，以在全球治理中发挥更大的用。

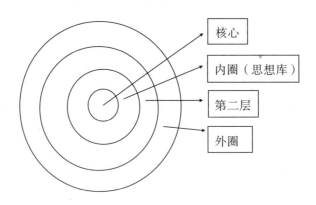

图3-2　环境非政府组织全球网络及联盟体系

---

① 张海滨：《环境与国际关系——全球环境问题的理性思考》，上海世纪出版集团2008年版，第117页。

② 同上。

其次，全球公民社会倡导的合作理念及其规范推动了环境非政府组织之间的交流与合作以及与其他行为体的沟通、交流与合作。对环境治理与保护的有效进行需要行为体多方的参与与合作，全球公民社会确立的多方参与与合作规范为环境非政府组织之间的交流以及与其他行为体之间的沟通交流与合作搭建了良好的平台。这就一方面促进了国际环境治理的有效合作，另一方面也促进了环境非政府组织的不断发展，为环境非政府组织作用的持久发挥奠定了坚实的基础。

三　全球公民社会提供的信息是环境非政府组织发挥作用的保障

无论是西方的古希腊时期，还是中国的夏商周时期，信息已经和政治、经济及社会紧密联系在一起。信息作为一种非物质的存在，无论是对国家还是对个体的存在与发展都具有重要意义。在全球化与信息化不断推动下兴起的全球公民社会在信息的获取、过滤、整合与传播等方面都具有其他行为体所不具有的优势。从某种意义上说，全球公民社会是与信息共生的。没有信息，全球公民社会就不会产生，更谈不上发展。全球公民社会的信息优势可以丰富与拓展环境非政府组织获取信息的渠道与领域，从而进一步保障与促进了环境非政府组织的作用发挥。没有全球公民社会的信息供给，环境非政府组织很难实现自身积极作用的充分发挥。因此，我们说全球公民社会提供的信息是环境非政府组织发挥作用的保障。

（一）信息：概念、特征与意义

随着新科技革命的发展与不断推动，再加上信息技术的不断发展与应用，信息在人类社会发展中的作用愈加凸显，信息的重要地位也日益提升。信息问题也成为各国政府与学者研究的重要热点问题。对信息问题的研究与把握首要的就是要对信息的概念作一明确的界定，在此基础上才能实现对信息重要价值与意义的充分了解与把握。

1. 信息的基本概念

信息是人类社会存在与发展不可缺少的重要组成部分。人们把它与"物质、能量并列作为人类社会存在与发展的三大基础：物质是世界构成的基本要素，能量是物质运动的动力源泉，信息是人们认识与改造世界的载体。"① 随着人类社会的发展与信息技术的不断革新与应用，信息在人类社会中的地位与作用更是日益提升。尽管现在信息成为一个流行词，可谓是无处不在，无时不有，但它存在的历史还是比较悠久的。早在两千多年前的西汉时期，人们就已经用"信"来表达音讯、消息的意思。古代的诗词中也经常出现信息一词，如南宋著名诗人陈亮在其经典诗作——《梅花》中这样写道："疏枝横玉瘦，小蕚点珠光。一朵忽先变，百花皆后香。欲传春信息，不怕雪埋葬。玉笛休三弄，东君正主张。""欲传春信息，不怕雪埋葬"中的信息就被作为一个词汇来使用，表达音讯与消息的意思。

信息究竟是什么？古人并没有明确的答案，关于信息的概念界定是近代以来的事情。当然，由于研究对象、研究方法以及对信息的不同理解使得信息的定义有多种多样，当下关于信息的概念界定不下百种。如，《中国大百科全书》认为："信息是反映事物特征的基本形式。"②《辞海》中对信息这样界定："信息就是音讯、消息。"③《韦氏词典》（Marriam - Webster Dictionary）对信息是这样界定的，"信息是在观察或研究过程中获得的数据、新闻和知识。"④ 1948 年，信息论创始人、美国著名数学家克劳德·香农（Claude Shannon）从信息的用途与功能角度对信息进行了界定。他认为："信息是用来减少或消除随机不定性的东西。"⑤ 控制论的创始人美国数学家诺伯特·维纳（Norbert Wiener）认为："信息是人们为控制系统而对外界进行调节并使这种调节为外界所了解时而与外界进行相互交换的内容。"⑥《中国新闻实用大辞典》对信息作了这样的界定："信息是对普遍存在于自然界及人类社会中的所有事物的特征与状态的基本反映。"⑦尽管目前信息作为一个严谨的科学术语还没有一个为学界所公认的概念，

---

① 王磊：《信息时代社会发展研究——一种基于互联网的考察》，博士论文，中共中央党校，2011 年，第 15 页。

② 中国大百科全书总编辑委员会《经济学》编辑委员会：《中国大百科全书·经济学》，中国大百科全书出版社 1988 年版，第 460 页。

③ 《辞海》（词语增补本），上海辞书出版社 1982 年版，第 103 页。

④ 转引自王磊《信息时代社会发展研究——一种基于互联网的考察》，博士论文，中共中央党校，2011 年，第 15 页。

⑤ Claude E. Shannon and W. Weaver, "*Mathematical Theory of Communication*", Bell System Technical Journal, 1948, Vol. 27, Issue. 3, p. 382.

⑥ ［美］罗伯特·维纳：《人有人的用处：控制论与社会》，商务印书馆 1978 年版，第 15 页。

⑦ 作者《中国新闻实用大辞典》，新华出版社 1996 年版，第 518 页。

但通过对上述不同学科、不同领域、不同视角下的信息概念的梳理，我们可以更好地理解信息的内涵，把握信息的本质，从而对信息定义的科学界定打下良好的基础。信息是普遍存在于自然界与人类社会之中的，它的产生来源于人类的实践活动。因此对信息的认识不能仅仅局限于本体论层面：信息是对事物特征与状态的描述，也应该包括认识论层面：信息是"主体所感知的或主体所表达的相应事物的运动状态及其变化方式，包括状态及其变化方式的形式、含义和效用。"① 从本体论与认识论的结合中认识与把握信息问题可以很好地概括信息的本质特征与核心问题。本书所用的信息概念就是建立在本体论与认识论二者结合基础之上的。因此，笔者认为信息是行为体对国际社会存在方式、运行状态的感知，是对国际社会发展进程及现实情况的客观反映。它既包括行为主体获知有关国际社会各种事物特征与状态的数据与描述，也包括行为主体对国际社会各种事物的感知、分析与意志表达。

2. 信息的基本特征

当今的时代是信息的时代。尽管信息是一个相对较为广泛的概念，有着各种各样的表达方式或表现形式，但每种信息都表达着信息的特定内容，体现着信息的价值。信息所具有的客观性、时效性、可识别性、可传递性与可储存性等特征共同构成了信息价值的基础。②

（1）信息的客观性。信息的客观性是信息存在的基础，也是信息最为重要的基本特征。因为一方面，作为对客观存在的基本特征与存在方式的反映的信息不管是否被主体所感知都必然存在。另一方面，只有客观真实的信息才具有价值。如果人为地篡改信息，信息就失去了其存在的价值基础，也就不能称之为信息了。认识主体对客观事物的感知与描述，反映了认识主体对客观信息的认知能力，这并不妨碍信息的客观性存在。因为"信息可以根据认识主体的需要被收集、加工、整理为有序化的信息，但就信息本质来讲，只能是客观存在方式和运动状态的在认识主体上的有序反映，认识主体并不能脱离客观存在而创造出信息"③。

（2）信息的时效性。客观世界的事物是不断发展的，作为对客观事物的反映与描述的信息也必然随之发展，这就使得信息的形式与内容都会发

① 转引自汪晓风《信息与国家安全》，博士学位论文，复旦大学，2005年，第16页。

② 王磊：《信息时代社会发展研究——一种基于互联网的考察》，博士论文，中共中央党校，2011年，第20页。

③ 汪晓风：《信息与国家安全》，博士学位论文，复旦大学，2005年，第22页。

生改变。正是由于信息的动态性发展使得信息的价值具有一定的时间限制，即时效性。信息的时效性意味着信息的价值会随着时间的推移逐渐降低。也就说，一旦信息为各方所掌握，其价值也就降到谷底。这也就是为什么同一条信息对一部分人价值很大，对另一部分人没有价值的原因所在。当然，信息的时效性长短不一，根据自身价值的大小，有的仅仅几秒钟，有的会存在万年，但它们都有一个固定的值。在信息社会的今天，如何快速了解与掌握信息成为各方研究的重要课题，这也是信息时效性的重要体现。

（3）信息的可识别性。信息存在的价值还体现在信息的可识别上，因为只有可识别的信息才能为信息接收方所接受，在信息的交流中才有价值。信息的可识别性不仅仅体现为认识主体的感官识别，也体现为认识主体可以以各种仪器或手段为中介进行间接的信息识别。这可以大大提高信息的拥有量，从而推动社会的发展。

（4）信息的可传递性与可储存性。信息自身的价值需要其被不断传递才能实现。通过信息的不断传递可以推动信息价值的最大化。信息的可传递性体现在两个方面：一方面是信息是可以被重复利用，信息的基本内容一般不会因信息被多次传递而发生改变；另一方面，信息在传递过程中可以实现信息表现形式的自由转换。如信息在数据、文本、声音、图像等四种表现形式中的转换，从而实现信息的传递。同时，信息也是可以存储的。信息通过语言、文字、画面等形式实现信息内容的表现或表达，这些形式也可以很好地实现信息的存储，从而使信息被不断积累下来，成为人类社会的一笔宝贵财富。正是由于信息的可储存性，才使我们可以以史为鉴、继往开来。

（5）信息的可共享性。信息被列为与物质、能量并列的人类社会三大资源。与物质、能量显著不同的是信息不具有物质与能量的独占性，信息具有可共享性，即"同一个信息可以在同一时间被多个主体共有，而且还能够无限地复制、传递。在传递过程中并不是此消彼长"①。正是由于信息具有可共享性使得信息可以在更为广泛的领域传递、传播，使信息化成为世界发展的一种趋势。

3. 信息的重要价值与意义

信息是人类社会发展的重要基础，缺失信息的社会是无法正常运转的。它的存在无论对社会整体还是个体来说都具有重要意义。信息革命在

---

① 维基百科：http：//zh. wikipedia. org/zh/% E4% BF% A1% E6% 81% AF。

关键技术上的突破使得人们处理信息的能力大大加强，信息对人类社会的影响力又进一步提升。总体来说，信息在人类社会的存在与发展中具有重要价值与意义。

（1）信息是推动社会发展的重要力量

信息在人类认识世界、改造世界的过程中发挥着重要的作用。人类认识与改造世界离不开信息，信息的广泛传播推动了人类文明的全球流动与知识传播。信息改变了人类社会的生存方式与发展方式，特别是随着信息技术的发展引发的信息革命使人类社会步入继农业文明、工业文明的信息文明。信息是人类社会的知识向导与智慧来源，是社会发展的动力。可以说，当前的信息技术是经济活动的主要力量，信息资源是经济发展的主动力。各国各种方 提高与增强自身获取信息的能力，从而提高自身的国际竞争力。

另外，信息也是知识经济的重要资源，而且是极富创造性的战略性资源。各方越来越深刻认识到知识和信息在经济发展与科技进步中的重要作用。因此各方都积极通过各种方式或途径来进行知识和信息的掌握。如世界范围内的高校都设置了信息服务中心来为各自的教师进行教学、科研信息服务，大量的企业或科研机构都建立了自己的信息中心或情报站。

（2）信息是认同形成与规范建构的基础与前提

认同的形成是一个长期的过程，在这一过程中包括身份认同与观念的认同。身份认同不仅是行为体自我特性的认定，更是文化选择的结果。文化选择作为一种进化机制可以很好地实现身份认同的代际传播。文化在某种意义上说就是信息。可以说，没有信息是无法实现身份认同建构的，更谈不上身份认同的代际传播。观念的认同也与文化紧密相连，观念认同往往是在特定的文化背景中形成的。观念认同中的观念包括了价值观、思想、文化等，这都与信息紧密相关。如果没有良好的信息来源，观念认同也很难建构。

另外，规范的建构也是一个长期的过程，在这一过程中既包括规范价值理念的倡导、规范的内容建构以及规范的通过与落实。规范的建构涉及多方的利益，因此如何实现为各方公认规范地建立与通过，这就涉及信息的双向交流与沟通。没有各方的交流与沟通，规范是很难建构的。可以说信息是规范建构的基础与重要保障。

（3）在国际政治中信息是主权国家的一种重要资源

在信息技术为主要标志的新科技革命的推动下，网络化、信息化成为时代发展的一种趋势，人类社会也逐渐步入信息社会时代①。在信息社会里，信息与权力、力量一样成为主权国家的一种重要资源。信息资源是国家软实力的重要组成部分，信息的多寡与对信息的处理能力成为衡量一国综合实力的重要标准。其实，从某种意义上说，信息就是一种权力。正如著名未来学家阿尔文·托夫勒（Alvin Toffler）所说："在信息社会中谁掌握了信息，谁就掌握了在各种较量中优先胜出的权力。"②约瑟夫·奈把信息看作是国家软实力的重要组成部分。他认为："全球化的今天，软实力比硬实力重要，21世纪是信息与信息技术成为国家最为重要的权力资源的一个世纪。"③

（二）全球公民社会的信息优势

全球公民社会的兴起与发展打破了以往主权国家与政府间国际组织对信息的垄断，实现了信息的全球扩散。全球公民社会由于自身的特点与优势，其在信息的收集、分析、整合与公布等方面具有其他国际行为体所不具有的优势。

1. 专业人士所具有的专业知识

全球公民社会是由非政府组织、新社会运动、跨国倡议网络、世界社会论坛、教会组织、劳工组织等部分组成的。这些组成部分的人员来源与构成是多元的：既有政治家、政府官员、专家学者，也有社会普通百姓。可以说，他们来自不同的国度、不同的行业、不同的职业，他们为了实现全球公共性问题的解决的目标而联系在一起。他们是相关专业领域的专家，对一些专业性问题有着自己独特的认识与看法，他们具有的专业知识是全球公民社会获取信息的重要来源。如国际劳工组织（International Labor Organization，ILO）的重要成员中就包括众多的熟悉法律、人权以及管理等知识的专家学者，他们有着丰富的信息处理与分析经验，他们在各国劳工法律与权益保护等相关方面的专业知识和对劳工问题的关注程度是很多政府官员甚至是劳动与社会保障领域的政府官员所望尘莫及的。因而他们成为很多政府间国际组织和

---

① 信息社会，又称为信息化社会，是一种以信息为标志，以信息技术为基础，以信息工业为支柱的社会。

② 转引自刘斌《新科技革命与国际政治》，博士论文，中共中央党校，2004年，第62页。

③ ［美］罗伯特·基欧汉、约瑟夫·奈：《权力与相互依赖》，门洪华译，中国人民公安大学出版社1992年版，第89页。

政府的信息咨询者和建议人。他们在深入调查与科学分析基础上提出的相关建议或意见是具有一定的合理性和可信性的。而且，他们为国家政府或政府间国际组织提供的专业信息、知识和建议对主权国家政府或政府间国际组织往往具有非常重要的参考价值。国际劳工组织还创办了大量的刊物进行信息的收集、整理与公布，如《国际劳工评论》（*International Labour Review*）、《劳动法汇编》（*Labour Law Documents*）、《劳工统计公报》（*Bulletin of Labour Statistics*）、《劳工统计年鉴》（*Year Book of Labour Statistics*）、《社会和劳工公报》（*Social and Labour Bulletin*）、《国际劳工文献》（*International Labour Documentation*）、《劳工教育》（*Labour Education*）等。① 国际劳工组织还把一些会议纪要、工作文件条例和通过的文件整理成册进程公布，如正式公报（Official Bulletin）②、国际劳工大会文件（Documents of the International Labour Conference）、国际劳工组织行政法庭裁决汇编（Judgments of the Administrative Tribunal of the ILO）等。③ 国际劳工组织还不定期地出版一些专著和报告，如劳资关系丛书（Labour – Management Relations Series）、管理开发丛书（Management Development Series）、社会保障成本（The Cost of Social Security）、职业安全卫生丛书（Occupational Safety and Health Series）、世界就业计划研究报告（World Employment Program Studies）等。④

另外，全球公民社会的组成人员中包括众多的政府机构或政府间国际组织的人员、压力集团的重要人士等。他们可以充分利用自身的工作优势获取许多重要的信息资源，充实与丰富全球公民社会的信息库，实现全球公民社会的信息资源拓展与利用。

2. 信息采集与获取方式的多元化

全球公民社会信息优势的另一个重要动力来源就是其信息采集与获取方式或途径的多元化。全球公民社会由多种行为体组成：国际和国内非政府组织和倡议组织、跨国与地方社会运动、基金会、人权与劳工组织、非

---

① 百度百科"国际劳工组织"：http：//baike. baidu. com/view/26147. htm。

② 正式公报（Official Bulletin）包括公报 A（Series A）和公报 B（Series B）两部分。公报 A（Series A）：登载国际劳工组织工作消息、国际劳工大会通过的文件及其他正式文件；公报 B（Series B）：登载国际劳工局理事会结社自由委员会报告。每年各出三期。

③ 百度百科"国际劳工组织"：http：//baike. baidu. com/view/26147. htm。

④ 同上。

正式网络等。① 全球公民社会组成的广泛性催生了其信息采集与获取方式的多元化。首先，这些组成部分与社会公众有着广泛的接触，可以了解他们的各种利益诉求，获取广泛的社会信息；其次，全球公民社会还积极参与政府与政府间国际组织的各种活动，通过活动的参与，扩大了它们信息获取的方式与途径。如非政府组织经常积极谋求参与联合国举办的各种会议与活动，从 20 世纪 70 年代以来在联合国形成了非政府组织参与联合国环境与发展大会的惯例。通过参与这些活动与实践可以使它们及时了解世界发展的各种信息，为它们积极开展活动，发挥自身优势与作用奠定了良好的基础；再次，全球公民社会通过社会运动或各种组织活动动员民众进行抗议活动，迫使政府公开相关信息。政府与民众之间存在着严重的信息拥有量的不对称。政府作为国家的代表往往垄断着信息，民众对很多与自身利益攸关的信息知之甚少，这就导致一些侵害民众利益的事件时有发生。全球公民社会通过社会运动或开展各种活动对政府施压，迫使政府公开各种相关信息，实现了信息的采集与掌握；最后，全球公民社会还掌握着网络信息的工具，可以通过自身掌握的网络信息技术，实现对各种相关信息的采集与整理。另外，在当今的网络技术迅速发展的背景下，信息的传播更加快速与广泛，这也大大降低了全球公民社会力量获取信息的难度与成本，大大提高了全球公民社会获取信息的能力。

3. 全球公民社会的网络化发展促进了其组成部分之间的信息交流与沟通，实现了信息价值的最大化

信息的价值体现在信息被广泛地利用。全球公民社会的信息优势不仅体现为其拥有的大量专业人士、信息采集与获取方式的多元化、多样化，也体现为其发挥信息价值的最大化。

全球公民社会是在全球化与信息化背景下逐渐兴起的，它的存在与发展是与全球化与信息化紧密联系在一起的。全球化与信息技术革命为主要内容的信息化革命一方面使得全球公民社会的发展也在向网络化方向迈进，这种网络化的结构使得全球公民社会各个组成部分之间被紧密地联系在一起，实现了从高到低或从低到高的联系。这有利于全球公民社会各个组成部分之间进行信息的交流与沟通，使信息的有效价值被充分发挥出来，实现了信息价值的最大化。另一方面，在计算机、信息技术以及网络技术的推动下，信息的获取成本在降低的同时也给行为体筛选、过滤无效

---

① ［美］玛格丽特·E. 凯克、凯瑟琳·辛金克：《超越国界的活动家——国际政治中的倡议网络》，北京大学出版社 2005 年版，第 11 页。

信息带来难度，也增加了行为体的信息解读难度。全球公民社会的网络化发展可以实现各组成部分之间的信息沟通与共享，实现对信息的有效过滤与整合，提高了全球公民社会各组成部分的信息解读与处理能力，从而为发挥信息的最大价值奠定了基础。因为在现实的国际社会中，决策者要么是缺乏信息，要么是信息过多而无法有效利用。全球公民社会的信息优势帮助其实现通过信息供给的方式对决策者的选择行为产生影响，把全球公民社会推崇的价值转化为政策，实现了对国家及国际政策与机制的终极影响。

（三）全球公民社会提供的信息对环境非政府组织作用的促进与保证

在当今的信息社会里，信息是社会发展的基础与前提，也是国际社会行为体发挥作用与影响的基础与保障。环境非政府组织在环境治理与保护中的积极作用发挥有赖于信息的有效获取与利用。全球公民社会的信息优势为环境非政府组织积极作用的持久发挥提供了重要保障。

1. 全球公民社会的信息优势可以有力地促进公众的知识普及，从而为环境非政府组织的作用发挥提供保障

信息无论是对国家行为体还是对个人行为体都是至关重要的。没有信息的保障，行为体是很难生存下去的。在传统的国际社会中，国家往往是信息的垄断者，它们占有着大量的信息，民众扮演着信息匮乏者的角色。在这种情况下，主权国家或政府间国际组织由于自身的利益局限性，很难披露一些对社会公众有重要影响的信息，从而严重影响了社会公众的知情权。由此可见，信息占有量的不同决定了国家与民众的地位差别。全球化的不断发展与信息技术的发展普及推动了全球公民社会的生成与发展。全球公民社会的发展打破了国家在信息上的垄断地位，使民间社会力量获得信息的机会、能力大大提高，信息的获取成本大大下降。全球公民社会的信息优势极大地促进了信息在公众中的流动与传播，民众获取知识更为便捷。环境治理与保护需要多方的参与，特别是社会公众积极参与才能真正取得实效。公众积极参与的前提条件之一便是需要拥有相关的知识，特别是与环境相关的知识，并在此基础上践行环境保护理念，积极参与相关的环境治理与保护活动。全球公民社会的信息优势可以有力地促进环境知识的普及与扩展，推动环境治理与保护活动的顺利开展。全球公民社会的环境信息普及，一方面提高了公众的环境保护理念、丰富了环境治理与保护

知识。另一方面也大大推动了环境非政府组织的发展壮大，为其作用的发展提供了保障。

另外，信息占有的多寡决定了行为体发挥作用与影响的大小。如果行为体拥有充分的信息，那么其在进行决策时就可以使决策较为科学、适当，其效果也会较好。反之，如果行为体占有的信息不足、不充分，那么其在进行决策时往往不能考虑信息充足时所有可能的选项，使得决策结果失当或效果不理想。失当的决策是很难得到公众信任与认同的，其发挥的作用与影响也自然不大。因此，行为体需要充分的信息作为其活动的前提与保障。环境非政府组织要真正实现其在环境治理与保护中的积极作用发挥也必然需要相关的大量信息作为保障。没有相关的信息作为支撑，环境非政府组织就很难在环境治理与环境保护中进行科学的决策，更谈不上相关活动的开展。因为环境非政府组织在进行决策时如果没有大量的相关信息作为保障，信息的缺乏往往会使得行为体环境非政府组织在进行决策时往往依靠过去形成的偏见或猜测来弥补信息的匮乏。在这种情况下，决策的科学性与可适性就很难保证，其活动的效果更是难以保证。全球公民社会的信息优势可以为环境非政府组织提供大量的信息，保证了其科学决策的形成与活动的有序开展。

2. 全球公民社会可以实现信息的有效过滤与整合，从而为环境非政府组织发挥作用提供保障

信息缺乏会给行为体进行决策、开展活动带来不利影响。但信息过多也不是好事，因为过多的信息会使行为体在进行决策时被大量信息所妨碍。而且在信息化的当代社会，信息可谓是无处不在、无时不有。特别是互联网的快速发展和广泛使用更是使信息量成倍增长，并已大大超出了人类大脑的承受力。中国互联网信息中心（CNNIC）2011 年 7 月 29 日发布的《第 28 次中国互联网络发展状况统计报告》公布的数据显示："截至2011 年 6 月底，我国 IPv4 地址数量为 3.32 亿，较 2010 年底增长 19.4%。我国拥有 IPv6 地址 429 块/32，全球排名第十五位。我国域名总数为 786万个。其中 CN 域名总数 350 万，占比为 44.6%。网站总数为 183 万个。"① 再加上全球庞大的网站资源，可以说，很多人已经处于信息超负荷

---

① 中国互联网络信息中心：《第 28 次中国互联网络发展状况统计报告》，ht-tp：//www. cnnic. cn/dtygg/ dtgg/201107/ W020110719521725234632. pdf。

状态。如此庞大的信息量中往往也充斥着大量的重复信息、过时无用的信息、虚伪或虚假信息等。这些大量的无用信息往往会占据许多资源，导致资源的浪费。在大量信息面前，行为体在进行决策或进行活动开展时往往要面临如何选择、处理和加工信息的问题。因为信息的过于充足和嘈杂往往需要行为体对其进行有用性的分析与解读才能使信息的价值体现出来，否则信息的价值是无法被利用的。正如约瑟夫·奈所说："大量信息导致了注意力的贫困。注意力成为稀缺资源，那些能够从嘈杂中辨别有价值信号的人获得了影响力。编辑、信息过滤者和提示提供者变得紧缺，他们成为影响力的来源。"① 全球公民社会可以发挥自身的特点与优势，利用自己所掌握的大众传媒等资源实现对信息的过滤、整合。被过滤和整合的信息一般就是有效信息，可以有效地发挥其价值与作用。这就为环境非政府组织大大减少了工作量，降低了其获取信息的成本。这也为环境非政府组织充分发挥自身特点与优势进行环境治理与保护活动提供了良好的保障。

3. 全球公民社会的信息优势可以推动环境非政府组织合作机制的建构，从而推动环境非政府组织整体效能的发挥

环境问题治理与环境保护不是一个或几个环境非政府组织就可以完成的。它不仅需要世界各方的共同参与，更需要环境非政府组织之间的共同参与和合作。共同参与和合作的基础就是相互之间信息的交流、沟通。这有利于实现各方之间的了解，进而建立共同合作的价值基础。在此基础上再进一步实现信息的共享，从而建立共同的价值目标。尽管环境非政府组织在环境保护方面的基本价值目标是一致的，但由于环境非政府组织产生与发展的环境不同，从而使得环境非政府组织的具体价值取向也会各有不同。因此，环境非政府组织之间并非是理想中的一个整体，而是多个的分散个体。要实现环境非政府组织之间的合作，一个基本的前提就是要实现彼此的认知与了解，否则合作很难建立。环境非政府组织之间的认知与了解是建立在彼此的信息交流与沟通基础上的。没有彼此间的信息交流与沟通，认同是很难形成的。全球公民社会的信息优势可以给环境非政府组织提供诸多的信息，促进它们之间的彼此了解，最终形成彼此间的认同，进而建立起良好的合作机制。这就为各自充分发挥自身的作用奠定了良好的

---

① Joseph S. Nye, *Soft Sells and Wins*, The Straits Time（Singapore）, January 10, 1999, p. 18.

基础。没有良好的合作机制，各个环境非政府组织个体是很难发挥出整体的最大效能的。从这个意义上说，全球公民社会的信息优势促进了环境非政府组织合作机制的建构，推动了环境非政府组织整体作用的发挥，为环境问题的解决提供了契机。

另外，全球公民社会的信息优势也可以充分弥补环境非政府组织的信息不足，推动其发展与作用发挥。在环境信息的获取、整合与传播等方面，尽管国际环境非政府组织有一定优势，但国内环境非政府组织则因自身内部及外力因素受到限制。它们对有关信息特别是环境信息的获取不畅，呈现出信息的不足状态，从而限制其作用的发挥。全球公民社会的信息优势可以有效弥补这一点，实现信息特别是环境信息的有效共享。

第四章
全球公民社会对环境非政府组织发挥作用
的反向制约与对策

任何事物都有两面性。全球公民社会在对环境非政府组织在环境治理与保护中发挥作用进行正面促进的同时，也由于全球公民社会自身存在的一些问题对环境非政府组织发挥作用产生了反向的制约。如，全球公民社会意识与身份尚未真正形成、全球公民社会发展的不均衡性与内在矛盾性、有限独立性与依赖性、民主化赤字与合法性欠缺等。这些全球公民社会的问题对环境非政府组织的发展、法律地位、独立性与代表性以及协调能力与活动效率产生了消极影响。因此，在全球化深入发展的背景下，推动环境非政府组织的发展及其作用的发挥的应对策略应该从三个方面着手：一是在全球化的层面。积极推动全球公民社会的成长与发展，推动全球公民社会问题的克服，从而推动环境非政府组织的发展。二是在国家—政府的层面。要大力支持环境非政府组织的发展，建构有效机制实现二者的互信与合作，从而进一步推进环境非政府组织的发展。三是环境非政府组织自身的层面。其应当加强自身的内部管理与改造，不断促进自身能力的提升。

一 全球公民社会对环境非政府组织
发挥作用的反向制约

全球公民社会是环境非政府组织在环境治理与环境保护中能够持久发挥积极作用的动力源泉。另外，"全球公民社会代表了一种超越国家体系和市场作用的局限性、有利于推动全球层次上的民主的充满希望的选择。"① 尽管很多学者认为全球公民社会是一个代表各种美德和规范的领

---

① 王杰、张海滨、张志洲主编：《全球治理中的国际非政府组织》，北京大学出版社2004年版，第111页。

域，但全球公民社会还是存在着各种问题。这些问题的存在使得全球公民社会对环境非政府组织的作用发挥产生了反向制约。

（一）全球公民社会的问题

1. 全球公民意识与身份还未真正形成

全球公民社会之所以能够得到发展并发挥这些重要作用，其重要原因就在于全球化的不断发展及在全球化中出现的一系列社会问题。全球化的不断发展使得全球层面的事务急剧增多，而政府或政府间国际组织的发展相对于全球问题的解决要求来说相对滞后，这就为全球公民社会的参与提供了巨大的空间。① 全球公民社会的发展要求全球公民意识与身份的形成与确立。可以说，全球公民观念的确立对全球公民社会的发展以及作用发挥极为重要。因为"全球公民社会的主体是全球公民，而分布在各国的公民们是否具有全球公民的身份认同（identity）意识，是否具有全球共同体意识，能否超越民族国家、种族、宗教、语言、价值观的差别而具有世界主义（cosmopolitan）眼光和对多样性和差异的宽容精神，对于全球公民社会的发展至关重要"②。

尽管在全球化的不断推动下，全球公民意识与全球共同体意识正在为全球各地的人们逐渐接受，全球公民社会的共同价值影响也越来越大，但这并不意味着全球公民意识与身份在全球公民社会中已经形成与确立。全球公民意识与身份的形成与确立是一个长期的过程。因为在现实的国际社会中由于力量和地位的不均衡所导致的不平等现象是到处清晰可见。由于民族、国家、宗教信仰、种族、文化价值观等的不同而产生的各种歧视、冲突、战争仍然存在。这些歧视、冲突、战争等的存在使得现实社会中的人们被划分不同的群体或集团。在这种情况下，如何培养人们的全球公民意识，促进全球公民身份的建构是一个十分重要而又亟待解决的问题。这一问题的解决有助于人们形成全球公民意识，进而建构起全球公民社会，从而使全球公民可以很好的学会"和而不同"与"求同存异"。这将极大

---

① 陶文昭：《全球公民社会的作用及其变革》，载《文史哲》2005 年第 5 期，第 16 页。

② 何增科：《全球公民社会引论》，载《马克思主义与现实》2002 年第 3 期，第 38 页。

地促进全球共同价值与利益的维护与增进。①

2. 全球公民社会发展的不均衡性

从时间上来看，15 世纪的地理大发现与资本主义生产方式的确立开启了全球化的进程。② 全球化的迅速而深入的发展推动了非国家角色的迅速发展，以非政府组织、跨国社会运动、跨国倡议网络、世界社会论坛等为主要组成部分的全球公民社会成为超越国家与市场之上的第三话语空间或领域。全球公民社会的兴起与发展体现为其组成部分的发展与壮大。根据约翰·霍普金斯非营利部门研究中心（John Hopkins Nonprofit Sector Research Centre）对欧洲、亚洲、北美及拉丁美洲、非洲等部分国家公民社会组织的大量实证性研究数据，我们可以发现非政府组织、跨国社会运动、跨国倡议网络、世界社会论坛等全球公民社会组成部分得到了快速的发展。约翰·霍普金斯非营利部门研究中心的研究数据显示："1995 - 2000 年间，36 个国家的公民社会活动资金总支出为 1.3 万亿美元，相当于这些国家 GDP 总和的 5.4%。约 4550 万人进行全职公民社会活动，约 1.32 亿人从事自愿性公民社会活动，这个比例相当于每 1000 个成年人中就有 98 人是公民社会自愿行动者"③。国际协会联盟（Union of International Associations）的相关数据显示："2005 年世界上有各种类型的国际组织 58859 个，其中国际组织 7350 个，国际非政府组织 51509 个，分别比 1991 年增加 61% 和 109%"④。当然这些数据不可能囊括全世界的所有非政府社会组织，大量未注册的、比较松散的民间组织并未被纳入到相关的数据库中。

通过上述的分析我们可以发现，全球公民社会得到了快速的发展。但全球公民社会的发展具有很大的不均衡性。不同国家或地区之间无论是在

---

① 何增科：《全球公民社会引论》，载《马克思主义与现实》2002 年第 3 期，第 38 页。

② 蒲文胜：《全球化及全球化背景下的新行为主体——一个成长中的全球公民社会及其诉求》，载《前沿》2010 年第 11 期，第 42 页。

③ Lester M. Salamon, S. Wojciech Sokolowski Regina List, *Global Civil Society: Dimensions of the Nonprofit Sector*, Bloomfield: KumarianPress, 2004, p. 16. 转引自郁建兴、蒲文胜《全球公民社会话语的类型与模式》，载《思想战线》2002 年第 2 期，第 55 页。

④ 转引自郁建兴、蒲文胜《全球公民社会话语的类型与模式》，载《思想战线》2008 年第 2 期，第 55 页。

全球公民社会组织的数量上还是规模上具有非常巨大的差异。一般来说，全球公民社会组织在多数发达国家的数量较多、规模也较大，而在拉丁美洲、非洲等一些比较贫穷落后的国家或地区则数量较少、规模较小。"据统计，包括志愿者，非营利组织雇员占总就业人口比例在西欧为 10.3%，其他发达国家为 9.4%，拉美为 3.0%，中欧为 1.7%，其他发展中国家水平更低。"① 导致全球公民社会发展的不均衡性的原因是多方面的，其中全球公民社会组织的资金来源的不同是一个重要的原因。比如，那些主要依靠政府公共领域资金支持的全球公民社会组织，一旦政府采取削减开支、紧缩预算的政策就会严重影响这些公民社会组织的发展；发展中国家中依靠发达国家公民社会组织资助或援助的公民社会组织其发展也往往受到资助方或援助方资金流向的制约，资助方或援助方的资助或援助的重点会直接影响其兴衰；对于那些主要依靠组织成员或会员的捐助、会费收入为主要资金来源的公民社会组织，经济的繁荣与否往往直接影响着其发展。

3. 全球公民社会的多样性差异与内在分歧

全球化对人类社会的各个方面都产生了广泛而深远的影响。全球性公共问题就是伴随着全球化的过程而生的。全球性公共问题的出现与增多使得国家权力的边界在一定程度上逐渐变得模糊。这就使得一些原来的国内问题发展成为国际问题，一些国际问题也发展成为国内问题。在这种情况下，主权国家在处理问题时，特别是全球性公共问题时已经不能像以前那样应对自如，它往往要考虑到各方的利益，从而避免争端的产生。全球公民社会的兴起很好地弥补了主权国家在全球性公共问题处理中的不足。当然全球性公共问题涉及的领域比较广泛，既包括国际社会领域（如全球经济社会发展问题、和平问题等），也包括自然社会领域（如能源问题、资源问题、环境问题等）、社会人类学领域（如人口问题、教育问题、卫生健康问题等）。

由于全球性公共问题涉及领域的广泛性必然要求全球公民社会组织的多样性，这样可以有效地解决治理过程中的各种问题。既倡导参与性，也倡导多元性与多样性是全球公民社会的显著特征之一。这从全球公民社会的组成就可以得到很好的证实。多样性是全球公民社会存在与发展的必要条件，如果全球公民社会试图统一所有的全球公民社会活动或实践，那么

---

① 转引自何增科《全球公民社会引论》，载《马克思主义与现实》2002 年第 3 期，第 38 页。

其多样性也会消失。然而全球公民社会的多样性差异使得全球公民社会内部各部分在参与治理过程中面临着观念的协调与统一问题。全球公民社会各组成部分之间由于追求价值与理念的不同，往往会在一个或多个问题上产生分歧。如有的只关心环境问题，有的只关心发展问题，有的只关心人权问题，有的只关心裁军问题等。在这种背景下，全球公民社会发展就产生了困境：全球公民社会的发展既要多样性也要统一性，如何有效地弥合与解决二者的矛盾成为全球公民社会发展的一个重要问题。如果不能很好地解决全球公民社会的多样性差异与内在分歧的矛盾势必会大大影响全球公民社会在国际治理中的作用与影响力。

4. 全球公民社会的合法性欠缺与民主赤字

在前面的论述中我们谈到合法性是一个具有复杂性的概念。可以说，合法性是一个多元复合型的概念，它包括政治合法性、法律合法性以及社会合法性。政治合法性是行为体存在与发展的前提。只有具有了政治合法性，行为体才可能取得法律合法性。法律合法性决定了行为体能否取得所在国的法律认可与授权、活动领域与空间。政治合法性与法律合法性是行为体进行合法活动与参与各种治理活动的决定因素。换句话说，它们决定了行为体合法参与政治的空间、深度与广度。社会合法性是行为体存在的基础与力量源泉，它的大小决定了行为体力量源泉的大小与活动目标的实现程度。全球公民社会作为对全球化与全球治理的积极而主动的应对，它们在参与全球治理过程中发挥了巨大的作用与影响力，它们推动全球治理向"全球善治"的目标迈进了一大步。这也使得全球公民社会获得了相对多的民众的支持与认可，社会合法性大大提高。其在全球经济社会发展、环境治理与保护、人权等领域的活动也逐步得到了世界各国政府及相关政府间国际组织的认可，政治合法性与法律合法性也在逐步增强。然而由于全球公民社会积极参与的全球治理还缺乏相关的全球协调、管理与制裁机制，使得全球公民社会组织参与的全球治理无法得到很好的检验，全球公民对全球公民社会组织的监督与制裁无法实现。另外，全球公民社会组织有时成为西方国家的政治意图与价值观的利用工具，全球公民社会组织为了获取相关的利益与资源往往背离组织自身的价值观。加之，全球公民和全球共同体意识还没有完全形成与普遍化，这大大影响了全球公民社会的合法性获取，导致全球公民社会合法性的欠缺。

全球公民社会推动了民众对全球治理的参与，在一定程度上有效弥补了在以往国际机制中民众参与稀少的问题。① 可以说，全球公民社会已经成为全球民主化改革与进程中的最为重要的基础设施，它积极推动了民主的发展。它们在促进民主中的积极作用是全球公民社会的声望与日俱增的重要原因之一。尽管全球公民社会在促进全球民主化进程中发挥积极而重要的作用，但这并不意味着其本身就是民主的典范。其自身也存在着"民主赤字"的问题。这主要体现在三个方面：第一，是全球公民社会内部的民主稀少。由于全球公民社会发展的不均衡，使得北方发达国家的全球公民社会组织较南方发展中国家的全球公民社会组织来说，无论是从数量上还是规模上都远远超过南方发展中国家的全球公民社会组织。这就使得北方发达国家的全球公民社会组织在一些国际事务中往往拥有支配性的发言权，而南方全球公民社会组织却往往处于从属地位，受到北方全球公民社会组织的影响。第二，是全球公民社会组织的领导人通常不是经由选举产生，而是由该组织的精英人物来担任。民主的一个重要表现形式就是选举，尽管选举不是民主的唯一特征，但没有选举的民主则是不健全、不完整的。在全球公民社会组织的领导人往往是该组织中的精英人物，他们在知识、信息和其他资源的拥有量上与全球公民社会组织的普通成员之间存在着巨大的差异。在这种情况下，"精英治理"模式成为全球公民社会组织普遍采用的模式。"知识权威和道德权威取代政治权威获得了对普遍公民的控制权。"② 第三，全球公民社会组织中往往缺乏民主治理与问责的机制，呈现出"官僚化"的趋向。良好的民主机制中往往包含着民主治理与问责的机制，这有利于实现民主的价值。然而很多全球公民社会组织内部缺乏相关的民主治理与问责机制，从而导致不能很好地对其治理活动进行有效的监督。同时，随着全球公民社会的发展，很多全球公民社会组织的专职人员比例越来越高，内部的科层化程度日趋加强，呈现出"官僚化"的发展趋势，使得全球公民社会组织内部产生了人浮于事、效率低下等形式主义、官僚主义的不良后果。③

5. 全球公民社会的有限独立性与依赖性

全球公民社会是独立于国家－政府与市场之外的第三独立部门。这就

---

① 徐恺：《全球治理中国际公民社会运动与民主赤字》，载《理论界》2009年第5期，第214页。

② 周俊：《全球公民社会与国家》，博士论文，浙江大学，2007年，第90—91页。

③ 周俊：《全球公民社会与国家》，博士论文，浙江大学，2007年，第91页。

使得人们往往把全球公民社会放在与当今国际体系与全球市场相对立的位置上，认为全球公民社会与国际体系与全球市场是根本对立的。现实的情况果真如此吗？实际上，全球公民社会是不可能在真空中运行的，不可能离开现实的国际体系与世界市场。其本身与国际体系、世界市场这二者之间是一种相互建构的关系，理论上的区分只是为了现实分析的需要而建立起的理想类型。① 所以，全球公民社会的完全独立性的建构是不现实的。现实中把这三者的界限清晰地予以划分从而把这三者完全区分开来在逻辑上也是不现实的，在实践中是不可能实现的。

全球公民社会的兴起与发展是与支撑它们活动的资源状况紧密联系在一起的。全球公民社会组织的资金来源与国家—政府或市场行为体——公司或企业有很大的不同。全球公民社会组织的资金来源主要靠政府公共部门的拨款、公司或企业捐助、服务收费等。这些资金来源往往具有不确定性，使得全球公民社会组织经常面临资金的困难，进一步又导致了人员的匮乏。在此情况下，全球公民社会组织往往要通过各种途径或方式努力争取来自政府公共部门、政府间国际组织、公司或企业的资助。根据世界银行的统计："在以发展为导向的国际非政府组织的资金来源中，公共资金所占的比例已经由1970年的1.5%增加到目前的大约40%。"② "据一些学者估计，南方非政府组织对由国家提供的公共资金的依赖程度高达80%—90%。"③ "即便是在人权这样一个通常被认为是对国家政策持批评态度的领域内，也有50%的国际非政府组织承认接受公共资金，60%的国际非政府组织依靠私人基金会的捐赠。"④

正是在这种情况下，全球公民社会的独立性大打折扣，呈现出有限独立性的发展趋势。这势必会对作为全球公民社会基础同时也是其创新与进步源泉的独立性造成损害。由于正常运转资金对政府及公司或企业的资金的依赖性越来越高，使得全球公民社会的独立性在减弱，依赖性在逐渐增

---

① 王杰、张海滨、张志洲主编：《全球治理中的国际非政府组织》，北京大学出版社2004年版，第117页。

② Thomas Risse, *Transnational Actors and World Politics*, London: Sage, 2002, p. 260.

③ 王杰、张海滨、张志洲主编：《全球治理中的国际非政府组织》，北京大学出版社2004年版，第117页。

④ Thomas Risse, *The Power of Norms versus the Norms of Power: Transnational Civil Society and Human Rights*, Washinton, D. C. : Carnegie Endowment for International Peace, 2000, p. 206.

强，这严重损害了全球公民社会的影响力，非常不利于全球公民社会自身的发展与作用的发挥。

（二）全球公民社会对环境非政府组织发挥作用的反向制约

全球公民社会的认同、规范与信息对环境非政府组织的发展及其作用发挥起到了积极的正向促进作用，使得环境非政府组织的持续发展与作用的持续发挥有了良好的基础与保障。事物就是一个矛盾体，在有正向积极作用的同时，也会有反向的影响与制约。全球公民社会也不例外，全球公民社会存在的各种问题使得其对重要部分之一的环境非政府组织及其作用发挥产生了反向的制约。这些反向的制约或消极影响主要体现为以下几点：

1. 全球公民社会的问题对环境非政府组织的发展产生了消极影响

组织的发展是作用发挥的前提。没有组织体的发展，其相关的作用发挥就没有保障，积极作用的持久发挥更是无从谈起。随着工业化的推进与全球化的发展，环境问题日益突出并逐渐成为一个全球性问题。自 20 世纪 60 年代以来，日益加深的生态危机使人类社会面临史无前例的挑战，各种非政府组织大量涌现。它们在地区和国际范围内开展各种活动，环境非政府组织就是其中非常引人注目的一类。正是环境非政府组织的迅速发展，推进了相当一部分社会成员对环境问题的关注与重视，在一定程度上促进了环境治理与保护实践活动的开展。正是环境非政府组织的发展使得环境非政府组织的作用发挥有了保障。全球化的发展，推动了全球民间力量的组织化、系统化、整体化发展，全球公民社会应运而生。全球公民社会的发展，以及它们在认同、规范与信息方面的优势积极推动了包括环境非政府组织在内的各种民间社会组织的发展。然而由于全球公民社会正处在一个成长阶段，还存在着各种各样的问题。如全球公民意识与全球共同体价值还未真正形成。尽管全球公民社会倡导的全球公共价值观在全球化的推动下正被越来越多的人所接受与认可，但现实国际社会中由于种族、宗教信仰、国家等的不同而造成人们之间的歧视与分裂的事情还是层出不穷。这严重影响了全球公民社会的公民意识与公共价值的形成，不利于全球公民社会的发展。全球公民社会意识与全球共同体价值观的形成有利于民众积极参与旨在解决全球公共问题的各种社会组织，从而对各种民间社会组织的活动予以支持。全球公民意识与全球共同体意识的缺失，使得民众对全球性公共问题的认识与关注不够，他们对相关问题的解决往往寄希望于国家—政府或政府间国际组织。在这种情况下将会严重影响环境非政府组织的发展。

可以说，作为全球公民社会的一个重要组成部分的环境非政府组织的发展既与自身的内部发展紧密相关，更与作为整体的全球公民社会的发展紧密相关。特别是在全球化深入发展的大背景下，缺少了全球公民社会各组成部分之间的支持与帮助，环境非政府组织是很难完全发挥自身的优势与作用的。没有了积极作用的发挥，其自身也是很难吸引民众的注意与支持，组织行为体的可持续发展就很难继续下去。又如，全球公民社会发展的不均衡性也使得全球各地的环境非政府组织的发展呈现出不均衡性。一般来说，发达国家的环境非政府组织的数量、规模以及资金来源等方面都远远好于一般的发展中国家，而且在发达国家公民参与相关的环境非政府组织的积极性也远远高于经济比较落后的国家或地区。

2. 全球公民社会的问题对环境非政府组织法律地位产生了消极影响

主权国家与政府间国际组织仍然是当今国际社会的主导力量，全球公民社会的发展往往要受到相关国家与政府间国际组织的影响或制约。尽管全球公民社会在当今国际体系中发挥的积极作用与影响使得其正在得到越来越多的国家与政府间国际组织的认可，但这并不代表着主权国家与政府间国际组织对全球公民社会就是完全一致的认同。由于全球公民社会存在的各种问题使得主权国家与政府间国际组织在对待全球公民社会上还存在疑虑，在对全球公民社会是否给予合法性地位上还有分歧。环境问题不是简单的国内问题，它是一个涉及全球各方的复杂问题。它不仅需要环境非政府组织的参与，也需要全球公民社会各部分的参与，更需要主权国家与政府间国际组织的参与。而参与环境治理并取得真正实效的前提就是拥有合法的身份与地位，是否拥有法律地位是国际社会行为体能否得到发展的前提与基础。主权国家与政府间国际组织对全球公民社会法律地位的态度势必会影响到作为全球公民社会组成部分的环境非政府组织的法律地位。

另外，全球公民社会内部存在的"民主赤字"问题也严重影响了其自身合法性的获取，特别是相关法律地位的获得。全球公民社会的"民主赤字"问题在其组成部分之一的环境非政府组织内部也较为明显。一些环境非政府组织的领导人往往不是通过内部广泛选举产生的，而是由组织的精英人物来担任的。这一方面有利于环境非政府组织统一意见与行动，从而富有效率，但从另一个方面不利于在日益民主的社会氛围中成长，往往被认为其行为不好被监督与管理，使得国家—政府系统对其存在着担忧与不安，迟迟不愿赋予其相应的法律地位。

3. 全球公民社会的问题对环境非政府组织独立性与代表性产生了消极影响

环境非政府组织作为环境领域中的第三方，其独立性与广泛代表性是其最为显著的特征与优势。拥有广泛的代表性与真正独立性也是环境非政府组织得以产生并快速发展的内在动力源泉。环境非政府组织的独立性的存在使其在进行相关的环境治理与环境保护活动中不受政府及相关政府间国际组织的意志所左右，可以独立处理自己的各种事务。另外，环境非政府组织的独立性可以使其在相关的环境问题谈判与处理中站在全球利益的立场进行各方利益的平衡与冲突各方的调节。如环境非政府组织在联合国人类与发展会议上进行的相关斡旋与协调，使得其起草的会议决议草案得以通过就是比较好的例证。正是由于环境非政府组织的独立性存在与坚持，使得越来越多的民众开始重视环境非政府组织的存在，并积极参与其组织以及其组织的各种活动，环境非政府组织的代表性也越来越广泛。

作为全球公民社会重要组成部分的环境非政府组织，其存在与发展也必然受到全球公民社会的影响。全球公民社会发展中存在的问题对环境非政府组织的独立性与代表性产生了消极影响。这主要是由于全球公民社会作为独立于国家—政府与市场之外的第三独立领域，不可能完全脱离国家—政府与市场独立运行与发展。它的形成与发展是与国家—政府与全球市场紧密联系的，全球公民社会是不可能在现实的真空中运行与发展。全球公民社会的运行与发展资源往往与国家—政府与公司（企业）紧密相关。因为全球公民社会的资金来源与国家与公司截然不同，它主要靠政府公共部门的拨款、公司或企业捐助、服务收费等。这些资金来源往往具有不确定性，使得全球公民社会组织经常面临资金的困难。为了保证其自身正常的运转，全球公民社会组织往往会通过各种方式来争取政府、公司（企业）的资金支持或援助。这就使得全球公民社会的独立性大打折扣，独立性变为有限的独立性，民众意志的代表的广泛性也掺杂了政府意志与公司意志的东西。全球公民社会独立性与代表性的减弱必然严重影响了其组成部分的环境非政府组织的独立性与代表性。因为全球公民社会整体存在的问题也必然在环境非政府组织这个部分中显现出来。

4. 全球公民社会的问题对环境非政府组织的协调能力与活动效率产生了消极影响

全球公民社会是由数量众多的非政府组织、世界社会论坛、新社会运动等民间社会力量组成的。全球公民社会的众多组成部分使得它们在参与国际政策制定、实施以及国际规范的建构等方面会有不同的观点与做法。

在这些全球公民社会力量在积极参与国际治理的过程中必然会涉及协调性的问题。① 虽然全球公民社会作为一个整体，在推进全球治理的进程等方面发挥了积极的作用，但就作为组成部分的个体而言，某些特定的组成部分追求的目标比较单一。有的仅仅关心发展问题，有的仅仅关心人权问题，有的仅仅关心核裁军问题，有的仅仅关心人道主义问题，有的仅仅关心环境问题等。这些仅仅是关注领域的不同，还有关注地域的不同。因此，关注领域与地域的差异使得全球公民社会的多样性与全球共同价值的单一性产生了矛盾，往往会产生目标上的狭隘性与局限性，使得全球公民社会的内部产生协调性不足的问题，从而导致相关实践活动的停滞或无法发挥积极的作用。

环境非政府组织是一个专门以环境治理与保护为价值目标的全球公民社会力量，其在环境治理与保护方面发挥了积极的作用。然而，环境问题毕竟是一个具有全球性、整体性、渗透性、复杂性与公益性等特点的问题。这些特点决定了环境问题的最终妥善解决需要各种力量的相互配合，特别是全球公民社会内部力量的协调与配合。但是，由于全球公民社会组成的多样性，使得环境非政府组织在与这些组成部分之间进行协调时往往存在着由于价值目标不同而产生的协调性不足的问题。这也正是由于全球公民社会的内部协调性问题而对环境非政府组织协调能力的消极影响。

另外，与全球公民社会的问题给环境非政府组织的协调能力所带来的消极影响相联系，全球公民社会的问题也给环境非政府组织的效率带来了负面影响：在全球环境治理的过程中，多方的协调意味着更漫长的谈判、协商、决策的过程。漫长的过程也意味着治理成本的上升与高昂，而且这些也不能足以保证就能取得比较好的实际效果。②

二 全球公民社会语境下推动环境非政府组织的发展及作用持续发挥的基本策略

尽管全球公民社会的影响与日俱增，但不可否认的是其仍然处于逐步成长中，在成长中还有很多问题与不足。环境非政府组织作为全球公民社

---

① 王杰、张海滨、张志洲主编：《全球治理中的国际非政府组织》，北京大学出版社 2004 年版，第 119 页。

② 王杰、张海滨、张志洲主编：《全球治理中的国际非政府组织》，北京大学出版社 2004 年版，第 119 页。

会的一个重要组成部分，它的发展及其作用的持续发挥不能脱离全球公民社会发展的大背景。环境非政府组织只有把自身的发展与作用发挥与全球公民社会紧密结合起来，才能实现自身的持久发展与作用的持久发挥。否则环境非政府组织是无法实现持续发展，更谈不上其在环境治理与保护中发挥积极的作用。所以推动环境非政府组织的发展及作用持续发挥的基本策略应从以下三个方面着手：

（一）积极推进全球公民社会的成长与发展，从而推动环境非政府组织的进一步发展

全球公民社会与环境非政府组织是整体与部分的关系，这种关系决定了二者之间既有相互制约的一面，也有互动发展的一面。积极推动全球公民社会的成长与发展有利于作为部分的环境非政府组织的发展。因此在全球化的背景下，环境非政府组织的发展策略之一就是要积极推动全球公民社会的成长与发展。

1. 积极培育全球公民意识与全球公共价值意识

在21世纪里，人们面对的并生活其中的是一个处于全球化蓬勃发展中的"全球公民社会"。[①]"全球公民社会是一个具有共同命运和一致性的大社区。我们生活在一个互相依赖的、四海一家的时代。"[②] 在全球公民社会形成与发展的大背景下，原有的国家、地区、民族/种族之间的空间距离变得越来越小。这也意味着国家、地区、民族/种族之间的沟通障碍与发展异质性在逐渐减弱，同质性在增强。在这种情况下，原有的国家与地区范围内的"家庭人"、"社会人"需要转变为具有全球公民意识与全球公共价值意识的"世界人"。因此，全球公民社会的发展必然需要相应的全球公民意识与全球公共价值意识作为理论支撑，否则全球公民社会是没有精神内涵的，也是很难发展下去的。特别是在如生态环境恶化、资源短缺、发展不均衡、恐怖主义等全球性问题日益凸显的时代背景下，人类必须形成一种集体行动的逻辑，实现生存意识与价值理念上的趋同与一致，从而实现上述问题的有效解决。由此可见，全球公民意识与全球公共价值意识无论对全球公民社会的发展还是对世界性问题的解决都至关重要。

---

① 卢丽华：《"全球公民"教育思想的生成与流变》，载《比较教育研究》2009年第11期，第81页。

② 转引自卢丽华《"全球公民"教育思想的生成与流变》，载《比较教育研究》2009年第11期，第81页。

　　然而，全球公民意识与全球公共价值意识还并未形成，它们的形成是一个长期的过程。现实国际社会中存在的种种问题如文化价值观、宗教信仰等严重制约了全球公民意识与全球公共价值意识的形成。因而要推动全球公民社会的成长与发展首要的问题就是要积极克服现实国际社会中的障碍，积极培育全球公民意识与全球公共价值意识，从而形成具有"独立人格意识"、"权利意识"、"责任义务意识"、"全球公民道德意识"的"全球公民"。

　　2. 推动全球公民社会的均衡发展

　　随着全球化的推进与公民社会力量的成长，全球公民社会也在不断成长。但全球公民社会在成长过程中存在的不均衡性问题却是较为突出的。这主要体现为：南方全球公民社会组织与北方全球公民社会组织的不均衡。在现实的国际政治中存在着南北关系，因而全球公民社会组织中也存在着南方全球公民社会组织与北方全球公民社会组织。由于历史与现实的原因使得南北全球公民社会组织的发展存在着巨大的差异。它们发展的巨大差异性主要体现为全球公民社会组织的数量与规模上的不均衡。北方国家一般是经济政治较为发达的国家，全球公民社会组织产生与发展的氛围较好，因而全球公民社会组织分布较广，规模也较大。而南方国家一般是经济较为落后、政治上发育也不是很完善的发展中国家，因而全球公民社会组织的数量分布较少，规模也较小。

　　全球公民社会发展的不均衡不利于全球公民社会的整体发展，更不利于全球公民社会积极作用的发挥。因而要推动全球公民社会的均衡发展。其主要路径有四个方面：第一，建立科学化的分权机制，推动南方全球公民社会组织的发展，改变北方全球公民社会组织在全球公民社会整体中的支配地位；第二，发达国家及发达国家的全球公民社会组织应站在全球公共价值的高度加大对发展中国家的全球公民社会组织的援助，推动其实现可持续发展；第三，发展中国家政府也应从资金到政策等各个方面积极支持全球公民社会的发展，进而弥补政府在治理中的局限与不足；第四，南方全球公民社会组织也应通过各种途径实现自身发展，积极走向世界，加强与世界的交流与合作，从而实现自身的发展壮大。

　　3. 提高全球公民社会的协调性与效率性

　　全球公民社会是一个多元化的逻辑系统，它是由诸多具体的全球公民社会组织构成的。因而，在全球公民社会内部各个具体的全球公民社会组织利益与全球公民社会整体利益之间往往会存在矛盾。由于具体的全球公民社会组织往往代表的是某一方的利益，因而它们追求的目标也往往具有单一性，不具有整体性与总体性。具有单一利益诉求与价值目标的全球公民社会组织的价值衡量标准往往是看自身的特殊利益是否实现，自身的特殊利益是否受到影响。在这种情况下，全球性的公共利益、大众利益往往被局部利益所遮蔽。"利益的单一性，使得全球公民社会组织之间存在着不一致和分歧。"① 这就使得全球公民社会存在着协调性的问题。另外，由于全球公民社会内部的多方协调往往会使得决策过程较为漫长，产生交易成本高昂、实际效果不明显等问题。因而要推动全球公民社会的发展，必须要提高全球公民社会的协调性与效率性。

如何提高全球公民社会的协调性与效率性呢？笔者认为应该从以下几个方面推进：第一，要积极探索建立科学化的沟通平台与协调机制。因为全球公民社会的构成是多元的，因而要建立起一个能够为全球公民社会各方认可并积极参加的沟通平台与协调机制。在这个沟通平台与协调机制上，全球公民社会各方能够比较充分地表达意见与观点，通过民主的协商与沟通最终实现各方利益的整合与统一，进而消解全球公民社会组织的局部利益与全球公民社会整体利益的矛盾与冲突。第二，推动全球公民社会民主化与精英化治理的紧密结合。全球公民社会在治理全球民主赤字方面发挥了巨大的作用。然而全球公民社会自身也存在着民主赤字问题，主要是由于全球公民社会组织的精英化治理模式所致。因而全球公民社会要实现长久的可持续的发展必须解决精英化趋强而民主化不足的问题，实现民主化与精英化的紧密结合。民主化可以有效地解决全球公民社会的协调性，精英化可以有效地解决全球公民社会的效率性。二者的紧密结合有利于全球公民社会的发展。第三，全球公民社会内部各组成部分要超越意识形态的藩篱。尽管全球公民社会的主导价值与目标是要推进全球性公共问题的解决，然而现实中的全球公民社会组织往往也会受到各种意识形态的影响与制约，从而给全球公民社会内部的协调带来困难，全球公民社会的效率也无从保证。因而全球公民社会各组成部分超越意识形态的藩篱对提高全球公民社会的协调性与效率性至关重要。

（二）国家—政府要大力支持环境非政府组织的发展，建构有效机制，实现二者的互信与有效合作

随着全球公民社会的发展，全球治理体系发生了改变：由过去的国家

---

① 陶文昭：《全球公民社会的作用及其变革》，载《文史哲》2005 年第 5 期，第 18 页。

中心治理体系发展为国家中心治理与非国家中心治理并行的治理体系。尽管环境非政府组织等全球公民社会组织的发展壮大在一定程度上削减了国家的治理权限，推动了全球治理的发展，但环境非政府组织等全球公民社会组织并不是要推翻国家治理体系，而是要实现与国家治理体系的共存、共生，共同推动全球治理的良性发展。而且目前，环境非政府组织等全球公民社会组织的力量还比较弱小、分散，在权力强大的国家面前更显得弱小与无力。可以说，国家—政府仍然是当前全球治理的主要行为体，国家—政府影响着环境非政府组织等全球公民社会组织的发展。因此，在全球公民社会的语境下，环境非政府组织要获得持久发展与作用发挥需要得到国家—政府的大力支持。

1. 国家—政府应建立并完善环境非政府组织合法认可的有效程序，推动其法律地位的有效提升

环境非政府组织在国家治理体系中的地位与作用虽然在一定程度上得到了国家—政府的认可，国家—政府也给一些影响较大的环境非政府组织以合法认可并赋予了一定的法律地位。但现实中国家—政府对环境非政府组织的发展还带有种种疑虑，对其发展的支持力度不够，在合法地位认可上设置了种种较高的门槛。在环境非政府组织不断发展，特别是全球公民社会深入发展的大背景下，已经越来越不适应环境非政府组织发展的需要。况且环境非政府组织发展并不是要推翻现有的国家中心治理体系，而是协助国家—政府完善治理模式。所以，国家—政府要根据自身的需要并结合实践要求建立一套合理、公开、公正的对环境非政府组织甄选与认可程序机制，并在实践中不断加以完善，使其适应时代发展的要求，从而推动环境非政府组织相应法律地位的提升，为环境非政府组织的发展奠定良好的基础。反之，如果国家—政府没有对环境非政府组织的甄选与认可程序机制，大量的环境非政府组织没有相应的法律合法地位，那么它们在成立、发展过程中必然会遭遇各种困难与障碍，不利于活动的开展与作用的有效发挥。

2. 国家—政府应加大资金支持力度，推动环境非政府组织破除发展的资金瓶颈

环境非政府组织作用的发挥是以相关活动与项目的开展为基础与保证的。而且环境治理与保护是一个复杂的问题，其相关的成效就是也通过具体的实践活动来体现的。因此，环境非政府组织需要大量的资金来进行相关环境保护与治理活动或项目的开展。作为独立于政府与市场之外的第三方力量，环境非政府组织与政府和公司（企业）有着很大的不同：政府与

公司（企业）有着固定的资金来源，而环境非政府组织没有固定的资金来源，其发展往往面临着资金的困难。为了解决发展中的资金困难，环境非政府组织不得不花费大量的时间与精力来进行资金的募集，努力争取政府部门、国际组织与私人企业的资助，大大降低了其在环境治理与保护中的时间与精力付出。环境非政府组织很好地弥补了国家—政府在环境治理与保护中的不足，在环境治理与保护中发挥了巨大的作用。国家—政府应加大对环境非政府组织的资金支持力度，把对环境非政府组织的资金支持制度化、规范化，推动环境非政府组织破除发展的资金瓶颈，为其发展与作用发挥提供良好保障。

3. 建构科学化机制，推动二者之间的互信与有效合作

环境非政府组织在权力强大的国家—政府面前力量还是弱小与分散的，环境非政府组织还是无力扭转国家在全球环境治理中的主导地位。另外，环境非政府组织的产生与发展并不是要取代国家在全球治理中的主导地位，而是帮助国家实现对环境问题的有效治理，提高全球的环境保护力度。环境非政府组织与国家二者之间并不是一个矛盾体，二者之间可以实现共存与互动发展。

如何实现环境非政府组织与国家的共存发展呢？笔者认为建构科学化的有效机制至关重要。通过科学化的有效机制可以实现二者之间信任的建立，推动二者之间的有效合作。科学化的有效机制可以由三个制度构成：一是定期交流制度与年会制度。定期交流制度可以实现环境非政府组织与国家—政府间的有效交流与沟通，有利于二者之间的信息交流与信任建构。年会制度可以实现二者关系的年度回顾与经验教训的总结，为以后的关系发展奠定良好的基础。二是环境非政府组织参与政府会议制度。这一制度有利于环境非政府组织了解并参与政府政策的制定、实施过程，环境非政府组织也可以有效表达自身的意见与看法，实现二者的良性。三是项目合作制度。环境治理与保护是一个系统工程，这一大问题的解决需要千百万小问题的解决。通过项目合作制度可以很好地把环境非政府组织与国家—政府紧密联系在一起，实现二者之间的有效合作开展。

（三）环境非政府组织要积极推进内部的改革与建设，从而实现自身的长远发展与作用的持久发挥

在全球化不断发展与全球公民社会不断壮大的背景下，环境非政府组织（ENGO）要实现自身的长远发展与作用的持久发挥，不但需要全球公民社会的正向促进与国家—政府的大力支持，更需要加强自身的建设，积

极推进内部的改革与建设。这就很好地把自身的发展与时代发展紧密结合起来，有利于实现自身的长远发展与作用的持久发挥。

1. 保持环境非政府组织的真正独立性，推动环境非政府组织的持久发展

独立性是环境非政府组织作用发挥的前提，也是环境非政府组织自身存在的意义所在。环境非政府组织在发展过程中面临着资金短缺等困难。环境非政府组织往往要通过各种途径，努力争取来自政府与私人企业的资助，这就使得环境非政府组织的独立性被大打折扣。如果环境非政府组织在与政府和企业的合作过程中不能保持自己的独立性，将会使其代表性大大降低，不利于环境非政府组织的长远发展。政府与企业的资助不能成为环境非政府组织丧失独立性的借口。环境非政府组织应坚持自己的宗旨与目标，增强自主意识，拓宽资金筹集渠道，保持在与政府、企业合作中的独立性。

2. 加强环境非政府组织的组织能力建设，提高环境非政府组织的社会公信力

社会公信力是环境非政府组织的生命线，也是后者获得声誉、获得公众认可并获取政府与社会资助，进而实现终极价值目标的基础与前提。[①] 环境非政府组织作为对政府与市场在环境治理与保护上的不足的应对而产生的第三方力量，要实现对政府与市场缺陷的有效弥补，需要环境非政府组织有相应的组织能力。然而现实中也存在着环境非政府组织"志愿失灵"的问题，究其原因就在于环境非政府组织的组织能力的薄弱，难当重大环境问题治理的大任。所以要加强环境非政府组织的组织能力建设，提高环境非政府组织的社会公信力。

环境非政府组织的组织能力建设主要包括三个方面的内容：一是加强环境非政府组织的领导能力建设。环境非政府组织需要一个理智而富有智慧的领导者或管理者。从某种意义上说，组织的领导者或管理者是组织发展的关键，因为他决定着组织的定位与发展的方向。他的管理能力与智慧也可以给组织的发展带来活力，有效的协调组织内部与外部的各种复杂关系，为环境非政府组织创造宽松的发展环境。二是提高环境非政府组织的专业化能力。环境非政府组织发展的根本还在于其提供的专业化服务。专业化的服务来自于专业化的人才，因此要通过各种途径吸引大量专业学者

---

① 党政军：《监督是提高非营利组织公信力的关键——来自美国的经验与启示》，载《世界经济与政治》2008 年第 5 期，第 8 页。

与研究人员的加入，提高环境非政府组织的专业化能力，有效参与环境治理与环境保护。三是提高环境非政府组织的廉洁自律。通过各种途径加强对环境非政府组织内部员工的廉洁教育、道德教育与法制教育，提高内部员工的廉洁从业能力，避免环境非政府组织内部以权谋私与贪污腐败的发生，树立环境非政府组织的良好社会形象。

3. 推进环境非政府组织的品牌化建设，扩大环境非政府组织的知名度与影响力

环境非政府组织作为公益性非营利组织一般是把环境治理与保护作为自己的价值目标。为了实现这些价值目标它们往往是专注于相关活动的开展，对自身的品牌建设重视不够，这在国内环境非政府组织中尤为突出。品牌化建设的缺失往往会使环境非政府组织在知名度与影响力上受到很大制约，不利于环境非政府组织的发展。通过品牌化建设，可以有效促进环境非政府组织的组织文化的形成与专业化的管理，有利于提高环境非政府组织的美誉度与影响力，有助于其与政府与企业的有效沟通与合作，从而扩大资金募集的能力。环境非政府组织通过品牌化建设可以获得公众的认知与信任，吸纳公众积极参与环境治理与保护活动，进而进一步提高自身的生命力。具有品牌化的环境非政府组织可以充分利用各种社会资源引起媒体的关注与宣传，进而引起国家—政府的重视与投入。

4. 积极推进环境非政府组织对人才的培养，为环境非政府组织的发展提供人才保障

由于环境治理与保护是一个内容广泛的综合问题，因此环境非政府组织需要多样化的专业人才，涉及法律、管理、能源、社会学等多个领域。人才问题是影响环境非政府组织发展的关键性问题。人才短缺往往是这类组织发展过程中面临的除了资金以外的第二大难题，也是制约其发展的重要因素。因此，环境非政府组织应加大对相关人才的培养力度。主要路径有三个方面：一是与高校进行合作。通过在高校开设环境非政府组织方面的有关课程，为环境非政府组织提供专业人才；二是通过各种途径对内部工作人员进行培训，提高他们的综合能力与素质；三是完善环境志愿机制。环境非政府组织应建立完善的环境志愿机制，从而建立更大的志愿者会员群。这种机制能够扩大环境非政府组织的影响力，而且还能够为环境非政府组织培育未来的领导人才与成员。

5. 加强环境非政府组织自身的营利能力，解决环境非政府组织发展的资金难题

充足的资金是环境非政府组织进行环境治理与环境保护活动的物质基

础,否则这类组织是无法实现长期发展的,积极作用的发挥更是无从谈起。然而长期以来,资金短缺一直是制约环境非政府组织发展的瓶颈。政府加大对环境非政府组织的资金支持是一个方面,作为环境非政府组织自身来说,提高自身的营利能力也是至关重要的。

鉴于"非营利性"是环境非政府组织的典型特征之一,公众一般认为它不能进行经营性活动。其实这是一个误解,莱斯特·M. 萨拉蒙指出,"非营利特性,即这些机构都不向他们的经营者或'所有者'提供利润。"① 也就是说,环境非政府组织为了推动环境公益性事业的发展,可以从事某些经营性活动,将经营所得用于环境公益事业的发展。这在环境非政府组织资金来源不充分、不稳定与不持久的情况下是十分必要的。因为没有资金,环境非政府组织很难发展与壮大,也就无法提供优质的服务。只有不断提高环境非政府组织的营利能力,其发展才有保障和前途。因此,环境非政府组织通过开展合法的经营活动与有偿服务,提高自身的营利能力,扩大资金来源,解决发展过程中的资金难题是一个行之有效的方法与途径。

6. 建立环境非政府组织间的协调机制,提高环境非政府组织在环境治理与保护中的效率

在世界范围内存在着形形色色、种类繁多的环境非政府组织。这些各式各样的环境非政府组织在立场、优先目标以及活动方式上是有很大差别的。如发达国家的环境非政府组织侧重于解决环境问题,发展中国家的环境非政府组织则注重寻求更多的援助资金。除此之外,在一些重要问题上也存在着不同的看法与认识,如野生动物保护、温室气体排放等。在这种情况下就使得环境非政府组织之间存在着各种问题与障碍,增加了协调的难度。因此,建立环境非政府组织间的协调机制就成为必然的选择。通过协调机制的建立,可以实现不同环境非政府组织之间的交流与沟通,破除彼此之间存在的误解与矛盾,协调各方的立场与观点,为最终达成为各方共同认可的协议奠定了坚实的基础。另外,通过协调机制的建立,各个环境非政府组织之间建立了密切的交流与沟通关系,有利于信息的共享,避免在环境治理与保护中的无效劳动,提高环境非政府组织在环境治理与保护中的效率。

---

① [美] 莱斯特·M. 萨拉蒙:《全球公民社会:非营利部门视界》,社会科学文献出版社 2007 年版,第 3 页。

第五章
中国环境非政府组织在环境治理中的作用：
以自然之友为例

　　通过前面的分析，我们得知全球环境治理与保护是一个具有长期性、复杂性与广泛性的课题，要实现全球环境问题的有效解决不仅需要国家—政府的努力，更需要像环境非政府组织为代表的全球民间社会力量的共同努力。因此，中国的环境非政府组织也自然被包括在内。中国的环境非政府组织与西方发达国家相比，成立时间比较晚，发展规模也比较小。中国的环境非政府组织是伴随着中国的改革开放与社会转型而产生与发展的。随着中国的现代化进程推进，环境问题也逐渐成为一个十分突出的问题。环境问题能否顺利有效解决关系到中国的现代化成败与社会主义和谐社会建设成效。中国的环境非政府组织在推进中国环境问题解决与环境保护方面发挥了巨大的作用，提高了人们对环境问题的关注与保护意识，为世界环境问题治理贡献了自己的力量。自然之友是中国环境非政府组织的杰出代表。我们以自然之友为例来对中国的环境非政府组织的作用作进一步的考察与分析，对它们的作用作一客观的分析，找出存在的问题与不足。在此基础上为中国环境非政府组织的持续发展与作用充分发挥提出可供借鉴的对策或建议。

一　自然之友基本概况

　　自然之友（Friends of Nature），全称为"中国文化书院·绿色文化分院"。它成立于1993年6月5日，会址设在北京。自然之友是由其创始人梁从诫、杨东平、梁晓燕和王力雄等人发起成立。"1993年6月5日，全国政协委员、中国文化书院导师梁从诫，北京理工大学教授杨东平等开明知识分子在北京的玲珑园公园举办了第一次民间自发的环境讨论会——玲珑园会议，这次会议标志着自然之友的正式成立。梁从诫任会长。"① 1994年3月31日经政府部门注册认可，成为中国最早在民政部门注册成立的环境非政府组织之一。

自然之友以"与大自然为友，尊重自然万物的生命权利；真心实意，身体力行；公民社会的发展与健全是环境保护的重要保证"②为核心价值观，以"以推动群众性环境教育、提高全社会的环境意识、倡导绿色文明、促进中国的环保事业以争取中华民族得以全面持续发展"③为宗旨，以"在人与自然和谐的社会中，每个人都能分享安全的资源和美好的环境"④为美好愿景，积极开展各种活动，加强与政府、企业及其他非政府组织的联系与合作，推动中国环境问题的有效治理与环境保护政策的有效落实。

自然之友自成立以来，通过各种途径不断扩大自身的影响力与知名度。经过近二十年的发展，其吸引了大量的民间环境保护人士加入，其组织规模不断壮大。"截止到2008年，自然之友累计发展会员一万余人，其中活跃会员3000余人，团体会员近30家。"⑤由于自然之友在环境保护领域方面做出了巨大的贡献，其先后获得国内外各种环境奖项达20余项，如"地球奖"、"亚洲环境奖"、"绿色人物奖"等。

"自然之友办公室设在北京，并在北京地区组建了3个主题小组，分别是观鸟组、植物组和登山组。此外，自然之友在全国各地建立了9个会员小组，分别是武汉小组、襄阳小组（绿色汉江）、广州小组、上海小组、河南小组、南京小组、深圳小组、浙江小组、福建小组（厦门绿十字）。"⑥"自然之友最近五年的工作重点是回应中国快速城市化进程中日益凸显的城市环境问题，通过推动垃圾前端减量、城市慢行交通系统改善、低碳家庭和社区建设、城市自然体验和环境教育等，探讨和寻找中国的宜居城市建设之路。"⑦经过多年的发展，自然之友在中国政府及民众中的影响力与公信力在逐年提高，成为民众比较认可的环境非政府组织之一。它为中国的环境治理与环境保护事业以及中国公民社会的成长作出了

---

① "自然之友"网站：http：//www. fon. org. cn/channal. php？cid =2。
② "自然之友"网站：http：//www. fon. org. cn/channal. php？cid =2。
③ "自然之友"网站：http：//www. fon. org. cn/channal. php？cid =2。
④ 百度百科：http：//baike. baidu. com/view/92769. htm。
⑤ "自然之友"网站：http：//www. fon. org. cn/channal. php？cid =2。
⑥ 百度百科：http：//baike. baidu. com/view/92769. htm。
⑦ "自然之友"网站：http：//www. fon. org. cn/channal. php？cid =2。

积极而巨大的贡献。目前，自然之友已经成为中国众多民间环境保护组织中的标志性组织之一。

二 自然之友在中国环境治理与环境保护中的作用考察

在中国，环境问题的治理与环境保护一直是政府主导并包揽一切的。随着中国30多年的改革开放而带来的经济腾飞，中国的环境问题日益突出。原有的环境治理与环境保护中的政府一手包揽的模式已经无法适应环境问题有效治理的形势要求，单靠政府来进行环境治理与保护已经勉为其难。这不仅是中国面临的问题，也是西方发达国家在环境治理与环境保护中经历过的实际问题。因此，环境治理与环境保护不仅需要政府力量，更需要广大的社会力量参与。环境非政府组织就是社会力量参与环境治理与环境保护的有效组织形式。中国的环境非政府组织在推进中国环境问题治理与环境保护过程中发挥了巨大而不可替代的作用，其中自然之友就是这些环境非政府组织的优秀代表。当然，我们在看到以自然之友为代表的中国环境非政府组织在中国环境治理与环境保护中的积极作用的同时，也应看到中国环境非政府组织的角色和作用与西方发达国家的环境非政府组织的角色和作用相比还有很大差距。它们在环境治理与环境保护中应当充当的角色与发挥的作用还远未达到预期。因此，中国的环境非政府组织的成熟还有很长的一段路要走，不仅需要环境非政府组织自身各种能力的提升，更需要中国社会公众环境意识的提高、政府相关政策与资金的大力支持。

（一）自然之友在中国环境治理与环境保护中的积极作用

1. 通过各种活动开展环境教育，提高公众的环境意识

环境意识是一种现代公民意识，其中既包括环境保护意识，也包括环境参与意识。根据国际经验，一个国家的环境保护搞得好不好，与这个国家的民众支持与监督与否有直接的关系。[①] 由此可见，环境治理与环境保护不仅仅是政府的行为，也是社会公众的事情，公众参与很重要。如何让公众能够自觉、自愿地参与环境治理与环境保护实践活动呢？其中最为重要的一环就是要提高公众的环境意识。当前，中国公众环境参与积极性不

---

① 王军：《自然之友：中国民间环保意识的崛起》，载《瞭望·新闻周刊》1996年第11期，第35页。

高，环境意识不足。清华大学非政府组织研究中心的调查数据很好地证明了这一点（见图5-1与图5-2）。

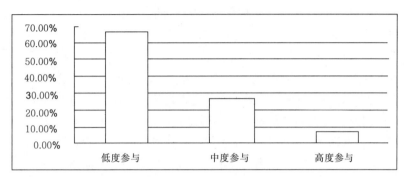

图5-1 我国公众对环保活动的参与程度

资料来源：赵菁奇、史玉民：《基于SWOT分析的我国环境NGO发展战略研究》，《科技管理研究》2009年第2期，第69页。

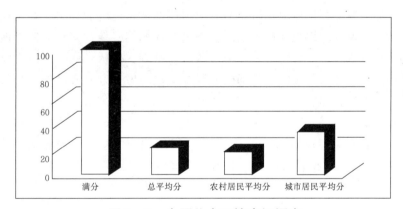

图5-2 全国公众环境意识调查

资料来源：赵菁奇、史玉民：《基于SWOT分析的我国环境NGO发展战略研究》，《科技管理研究》2009年第2期，第69页。

为了进一步提高中国公众的环境意识，推动公众参与环境治理与环境保护的自觉性与积极性，自然之友通过各种活动开展环境教育。如2007年自然之友整合各种资源设立了"自然讲堂"来对公众进行环境教育。"自然讲堂"的突出特色是它不仅仅是对公众进行简单的环境知识普及，而是在相关环境科学知识普及的基础上，提供比较轻松的交流环境，实现学者与公众之间的互动交流。这样可以使公众更加容易地了解环境问题，清晰明了地知道如何在日常生活中进行环境保护，进而生活得更自然、更健康。"自然讲堂"自设立以来，开展了10余次活动，活动范围广泛，涉及学校、企业与居民社区等。自然之友通过设立的"自然讲堂"而开展的一系列讲座活动，给公众提供了更多学习与交流的机会与场所，营造了良好的社会氛围，宣传了环境保护理念，提高了人们的环境意识，从而使公众把积极参与环境治理与环境保护落实为自觉的行动。另外，自然之友还开展各种户外实践活动来推动公众环境意识的提高。如 2011 年 11 月 26 日开展了"奔跑在大自然中——记'我爱泥巴'之深秋大自然运动会"。这次活动参与者不仅有成年人，也有儿童。通过活动，使儿童接触到了美好的大自然，提高了他们的环境保护意识。自然之友还通过出版物来进行环境教育活动。它们创办了《自然之友通讯》中英文版，中文版为双月刊，英文版为季刊。《自然之友通讯》中文版设立了"特别关注、绿色寻呼、同行者、社会论坛等"特色板块。这一刊物内容十分丰富，能够较好地反映公众声音，实现了自然之友与公众之间的良好沟通与交流，提高了公众的环境意识。

2. 进行环境调研，披露环境事件，是环境信息的供给者与环境保护的监督者

自然之友一直把环境调研作为对中国环境现状进行了解的主要手段之一。自然之友定时组织会员到全国各地进行环境的实地考察，掌握当地环境的第一手资料，然后把有关环境资料进行整理、分析，从而得出科学的调查结论。一方面作为给政府部门的咨询建议，另一方面通过媒体与官方网站进行发布，让社会公众了解有关环境信息。自然之友从 2005 年开始，每年都组织有关环境问题专家学者、环保人士、律师、记者等撰写并发布年度《中国环境绿皮书》，对一年来中国环境领域发生的重大环境事件进行总结与反思，"向社会提供一种有别于政府立场或学院派定位的绿色观察"①。从某种程度上说，自然之友扮演了环境信息供给者的角色。

另外，由于自然之友组织的活动形式多样，与社会公众关系较为紧密，比较了解社会公众周围的环境条件与环境问题，所以它们对环境问题更为敏感，比较容易发现环境问题。自然之友经常披露各种形式的环境污染事件与环境破坏行为，从而引起社会公众的关注，督促政府有关部门加

---

① 程经：《自然之友发布首部民间环境绿皮书》，载《绿叶》2006 年第 3 期，第 30 页。

快对这些环境问题的解决。如圆明园防渗工程事件①及虎跳峡梯级水电站建设事件。自然之友针对在金沙江各段上的违法水电开工项目，积极联系其他民间环保组织向国家环保总局等有关政府部门致电联名信，要求政府积极查处有关影响当地环境的违法水电项目。② 通过对有关环境事件的披露，自然之友充分发挥了环境保护监督者的作用。

3. 影响政府决策，积极参与政府环境公共政策制定过程，推动政府决策科学化

"环境自身所具有的公共性、环境问题的公害性和环境保护的公益性决定了环境保护需要公众的参与。"③ 公众的参与不仅仅体现在对相关环境治理与环境保护活动的参与上，也体现为参与政府环境公共政策的制定过程中。通过环境非政府组织参与环境治理与环境保护不仅可以有效地影响政府决策，也可以充分表达公众的利益与要求，使政府决策更趋科学化、合理化。自然之友在影响政府决策，积极参与政府环境公共政策制定过程中，推动政府决策科学化方面作出了巨大的贡献。

自然之友在影响政府决策的过程中非常注意方式、方法。它们从来不采取极端的手段或方法，而是针对一些有较大影响的环境问题，通过提出科学的研究报告、专业化的政策建议等形式，积极运用一切合法渠道进行政治压力的输入，对政府的环境决策产生影响，推动政府环境政策的调整，使环境权益和社会公益资源得到更为合理的配置。2003 年阻止怒江水电开发就是自然之友影响政府决策的较好例证。俗语说："世界水电在中国，中国水电在西南。"怒江是西南地区的大河之一，怒江地区也是水电资源较为丰富的地区。在拥有丰富水电资源的同时，联合国教科文组织的调查数据显示，怒江也是世界上生物多样性最为丰富的地方。正是有着最丰富的生物多样性，2003 年怒江被命名为世界文化遗产。然而，地方政府

---

① 2005 年 3 月，媒体披露圆明园管理处排干湖水在湖底大规模铺设防渗膜，事先没有进行环境影响评估，也没有得到文物局等其他相关部门的批准。自然之友紧急介入应对这一突发事件。通过主办市民、专业人士、政府官员共同参与的网络直播研讨会，积极推动并参与国家环保总局举办的听证会，以及紧密跟踪事态进展的各种努力，为促进事件最后进入环评程序解决起到了积极作用。具体参见《圆明园防渗工程事件》自然之友网站：http：//www.fon.org.cn/channal.php? cid =511。

② 王津等：《环境 NGO——中国环保领域的崛起力量》，载《广州大学学报》（社会科学版）2007 年第 2 期，第 36 页。

③ 同上。

以及一些企业为了追求经济利益，把环境保护弃于不顾，准备在怒江建造十三级梯级水坝。这个消息一经传出，就引起了自然之友等环境非政府组织的极大关注。自然之友等民间环保组织通过网络、媒体等各种形式积极宣传怒江水电大坝的进程，引起社会公众极大关注。在社会公众的压力之下，有关政府部门停止了怒江水电大坝的修建工程，使怒江的生物多样性资源免遭破坏。

自然之友也积极参与政府环境公共政策的制定过程。如 2001 年，自然之友与其他近二十个环境非政府组织参与了北京奥申委和北京市环保局共同制定的《绿色奥运行动计划》。与此同时，自然之友还被北京市奥申委聘为环境顾问。①

4. 通过各种途径推动中国野生动植物保护与环境可持续发展

生物多样性丰富与否是考察一国动植物资源多寡的重要指标。中国是世界上生物多样性最丰富的国家之一。然而由于经济发展对自然资源的过度开采与利用等多种原因使得我国的生物多样性被破坏严重，许多动植物濒临灭绝。自然之友为此进行了不懈的努力，通过各种途径来保护中国野生动植物资源，特别是濒临灭绝的动植物。② 可以说，自然之友在推动中国野生动植物保护方面作出了巨大而卓越的贡献。

滇金丝猴是中国特有的珍稀动物，主要生活在我国云南西北部原始森林里，目前总数仅有 2500 只。③ 由于滇金丝猴无法实现人工饲养，因而极为珍贵，和大熊猫一样被称为中国"国宝"。由于 20 世纪 70 年代开始的滥杀滥猎和大面积森林被砍伐，使得滇金丝猴数量大为减少，面临灭绝的危险。为拯救和保护濒临灭绝的滇金丝猴，1995 年 12 月，自然之友发起了对滇金丝猴的保护行动。自然之友创始人梁从诫先生给时任国务院副总理的姜春云写信要求禁止砍伐滇西北天然林，自然之友的会员唐锡林给宋健写信也要求禁止砍伐滇西北天然林。在中央领导的重视与批示下，经有关部门落实，最终决定停止砍伐滇西北天然林，保护滇金丝猴的生活环境。④

① 王津等：《环境 NGO——中国环保领域的崛起力量》，载《广州大学学报》（社会科学版）2007 年第 2 期，第 36 页。

② 《中国环保民间组织现状调查报告》，"自然之友"网站：http://www.fon.org.cn/content.php? aid =8279。

③ 中国新闻网：http://www.chinanews.com/gn/2011/04 -05/2952180.shtml。

④ 邹晶：《不唱"绿色高调"的自然之友——梁从诫访谈录》，载《环境教育》2001 年第 6 期，第 4 页。

藏羚羊是分布于青海、西藏、新疆三省区的中国特有物种。20世纪80年代以来，由于藏羚羊绒制品在西方发达国家特别是西欧畅销，藏羚羊制品国际非法贸易不断扩大，导致我国境内的藏羚羊遭到大量非法猎杀。为了保护濒临灭绝的藏羚羊，自然之友开展各种活动，通过各种途径来推动相关保护工作。在自然之友等环境非政府组织的共同努力下，"中国政府相继在藏羚羊的分布区新疆、西藏、青海成立阿尔金山、羌塘、可可西里自然保护区，并分别在羌塘、可可西里、阿尔金山的周边地区组建了11个森林公安机构"①。自然之友创始人梁从诫"就藏羚羊绒制品在欧洲市场走红，从而导致大量藏羚羊被猎杀的事实及所剩不多的藏羚羊的处境，给英国首相布莱尔发出了一封信"②。梁从诫在这封信中指出："欧洲市场上藏羚羊绒的昂贵价格，使从中国非法出口到印度进行加工的藏羚羊绒原料的价格随之上涨，只要有利可图偷猎就难禁绝，因此，希望英国政府制止伦敦藏羚羊绒的黑市交易"③。梁从诫的信表达了所有关注藏羚羊保护者的心声，这封信也引起了当时的英国首相托尼·布莱尔的重视与回复。

自然之友在中国野生动植物保护中所做的工作与努力推动了中国野生动植物保护，特别是濒危动植物的保护，有利于中国的生物多样性丰富与发展，实现中国的环境可持续发展。

（二）关于自然之友在中国环境治理与保护中的作用分析与思考

通过对自然之友在中国环境治理与保护中的作用考察，我们可以发现自然之友在其中的确发挥了重要的作用。但我们也不难发现由于政府在公信力、决策权以及执行权等方面所具有的巨大优势使得自然之友的环保活动往往受制于政府的态度。也就是说，政府的态度是自然之友活动开展成功与否的最关键因素。比如，在保护滇金丝猴活动中，正是自然之友主要领导人给时任国务院副总理的姜春云写信，从而引起后者的重视并给予重要批示。云南省政府根据这一重要批示作出了禁止破坏滇西北原始森林的决定，从而保护了滇金丝猴的栖息地，避免了其遭受灭绝的命运。然而，在保护藏羚羊的活动中，由于地方政府各个部门之间存在的利益冲突与博弈，使得自然之友等民间环保组织与有关政府部门不能合作。加之自然之

---

① "藏羚羊"百度百科：http：//baike. baidu. com/view/7342. htm。

② 《英国首相布莱尔就藏羚羊保护向中国民间环保组织"自然之友"会长梁从诫教授做出答复》，载《森林与人类》2003年第2期，第13页。

③ 同上。

友等民间环保组织也没有采取较为恰当的应对策略，最终导致保护可可西里藏羚羊的活动以失败告终。由此可见，与政府尤其是地方政府的合作——无论它们是被迫还是自愿，都是以自然之友为代表的环境非政府组织开展环境治理与环境保护活动获得成功的关键性因素。

虽然自然之友等民间环保组织在一些环保活动中由于政府的不合作而遭受挫折，但经过多年的发展，其还是以鲜明的个性与高姿态呈现在社会公众面前。当前中国"强政府、弱社会"的基本国情，使得自然之友等民间环保组织尽管得到了一定的社会认同，但并未增加其与政府及政府各部门进行讨价还价的资本。如2001年，自然之友联合其他两家民间环保组织就"京密引水渠人工整治工程"问题向北京市政府提出对话邀请，北京市政府派出一位副市长与会。与会者除了自然之友等三家民间环保组织外，还包括一些环保专家、水利专家以及新闻记者等。在"对话会"上，针对自然之友等民间环保组织对工程严重破坏沿岸及河流生态的质疑，北京市政府并不认可，为此双方进行了激烈辩论，最后不欢而散。"对话会"结束时，与会的北京市副市长指责此次"对话会"是"无组织的有组织活动"[1]

上面的分析表明，面对环境非政府组织的诉求，政府并不必然地予以回应，即使这种诉求具有很大的社会影响力。由此可见，环境非政府组织通过各种方式、各种途径发动社会公众进行广泛参与形成广泛影响的环保活动并不一定能够给政府形成必然的有效的压力。因此，环境非政府组织也不能因此而就必然的认为政府一定会做出有效的回应。所以在当前"强政府、弱社会"的现实情况下，公众所诉求的社会问题的解决主要还是取决于政府的态度。也就是说，政府的意愿决定了问题解决的成功与否，问题解决的结果并不是双方协调的结果，更是社会压力的结果。[2] 另外，尽管环境非政府组织所倡导的环境保护与国家的环境政策是一致的，但与地方利益却是相冲突的。因为地方政府在发展经济时往往会与环境保护政策相冲突。所以，环境非政府组织往往比较容易与中央政府达成一致，而经常存在与地方利益的博弈。由于环境非政府组织与政府在力量上的巨大差异，使得环境非政府组织要实现自己的诉求必须实现与政府的合作。所以成功的中国环境非政府组织必须把自己定位准确：温和

---

① 付涛：《当代中国环境 NGO 图谱》，载《南风窗》2005 年第 4 期，第 32 页。

② 赵秀梅：《中国 NGO 对政府的策略：一个初步考察》，载《开放时代》2004 年第 6 期，第 17 页。

的合作者而不是替代者。在我国当前的政治氛围下，极端的做法是很难取得效果的，甚至会产生相反的效果。所以中国环境非政府组织首先要做的就是处理好与政府的关系，从而取得政府的信任与认可，实现与政府的良性互动。

另外，通过自然之友在环境治理与环境保护中的作用分析，我们也可以发现以自然之友为代表的中国环境非政府组织尽管已在中国环境治理与环境保护中发挥了越来越重要的作用，影响力也越来越大，但在促进中国环境可持续发展方面还存在着严重的角色缺陷。① 首先是环境教育重理论，轻实践。以自然之友为代表的中国环境非政府组织一般通过举办专题讲座、座谈会、培训班、编写科普读物等方式对公众进行环境教育，也经常通过节日进行环境教育。这些活动往往是重视理论的传授，没有与环保实践紧密结合起来，环境教育效果不明显，成效有限。尽管自然之友也开展了一些实践活动，但参与范围较小，影响力不大。要实现环境教育效果的提升，中国环境非政府组织需要把理论教育与环境实践紧密结合，在环保实践活动中进行环境教育，从而保证环境教育的效果。其次，环境监督角色有限。不可否认，经济发展与环境保护存在着一定的矛盾，这使得地方政府往往把目光定在追求经济的快速发展而忽视了对环境的保护。当前，以自然之友为代表的中国环境非政府组织的环境监督往往放在政府失灵的领域和公众的环境权益保护上。而对实现经济与生态和谐发展上却出现了角色缺失，对一些大型企业等强势集体的监督有限。再次，对政府决策的影响重事后监督而轻事前预防。通过自然之友等我国环境非政府组织在环境治理与环境保护中的实践活动我们可以发现，虽然它们在诸如圆明园防渗工程、怒江水电工程等环境事件中对政府决策产生了一定的影响，但这些决策影响都是事后的影响，在政府决策前并没有环境非政府组织的参与，这是环境非政府组织角色缺失的一个重要表现。因此，今后，在环境非政府组织的发展中，必须加强对政府决策的事前影响，积极参与政府公共政策决策过程，表达自己观点与意见，推动政府决策科学化。最后，重信息收集轻咨询建议。目前，以自然之友为代表的中国环境非政府组织在信息的收集、整理与发布方面做得很多，但它们在进行环境信息的收集、整理与发布后，"却相应地缺乏对公众和社会所面临的环境问题给出一定的具体建议和做法，尤

---

① 郭晓勤、欧书阳：《中国环境 NGO 角色定位：问题与对策》，载《学会》2010 年第 7 期，第 19 页。

其缺乏与政府、企业的沟通交流,进而提出对政府环境管理和企业经营行为具有影响力的咨询建议"①。也就是说,中国环境非政府组织不仅要做环境信息的供给者,也要做环境问题治理与环境保护的咨询者与建议者。

中国环境非政府组织成立晚,起步晚,在发展过程中还存在着各种各样的问题。因此在全球化的时代,要推进中国环境非政府组织的发展及其在环境治理与保护中的作用持久发挥不仅需要自身的努力,更需要中国政府的重视与支持。当然,中国环境非政府组织的发展也要与全球公民社会紧密结合,实现中国环境非政府组织能力的提高与国际地位的提升。

---

① 郭晓勤、欧书阳:《中国环境 NGO 角色定位:问题与对策》,载《学会》2010 年第 7 期,第 19 页。

结 束 语

在当代世界中，无论发达国家还是发展中国家，生态环境问题与社会可持续发展已被公认为是 21 世纪人类面临的最富有挑战性的难题之一。环境非政府组织的产生与发展是人类社会对日益加深的生态危机的应对。环境问题所具有的全球性、整体性、渗透性、公益性等特点，使得环境问题的解决不是仅仅靠哪一方的力量就能实现的，需要各方力量的共同努力。环境非政府组织积极参与环境治理与环境保护，实现了环境治理由国家—政府治理向国家与社会共同治理模式的转变。特别是在全球化发展与全球公民社会不断发展壮大的背景下，这一转变显得尤为重要。因为探寻实现对环境问题有效治理与环境有效保护的方法或途径不仅是国家—政府的责任，也是全球各界力量尤其是民间社会力量的重要责任。包括环境非政府组织在内的全球公民社会参与环境治理与环境保护也是世界民主化趋势的重要体现。

环境治理与环境保护的国家—政府模式带有很大的弊端：政府往往把主权利益、经济利益放在环境治理与环境保护的前面，从而导致国家—政府的利己性与环境问题的全球性、整体性与公益性的矛盾与冲突。环境非政府组织参与环境治理与环境保护，可以有效弥补国家—政府在环境治理与环境保护中的不足，其作用不可替代。可以说，环境非政府组织已经成为当今国际社会中一支崭新、具有特定作用的重要力量。通过对环境非政府组织的客观分析，我们可以发现它们在环境治理与环境保护中发挥了五个方面的基本作用：一是充分发挥自身特点与优势进行环保活动，是环境治理的积极参与者；二是影响主权国家及政府间组织的环境政策制定，是环保政策与措施实施的有效监督者；三是促进国际环境立法的发展，是国际环境法创制的积极推动者；四是提升公众的环保意识，促进环境伦理的建立和发展，是环保理念的普及者；五是联络和保护环保人士，是环保人士的凝聚者和守卫者。环境非政府组织作为环境治理中一种新的、具有特定作用的新生重要力量，开始走向国家政治舞台的前台。

如果说全球治理理论的新颖之处在于它将非政府组织纳入到国际政治研究之中，突破了传统的国际政治理论仅仅把国家作为唯一研究中心的窠臼；那么全球公民社会理论的新颖之处就在于它解释了非政府组织为什么能够参与全球治理、它们的动力源泉在哪里、它们还存在哪些不足。可以说，全球化的深入发展与全球公民社会的崛起已是不争的事实。全球公民社会的崛起进一步壮大了全球社会力量，也进一步推动了环境非政府组织的发展与作用的发挥。全球公民社会对环境非政府组织有着正向的促进：全球公民社会建构的认同是环境非政府组织发挥作用的前提和基础；全球公民社会确立的规范是环境非政府组织发挥作用的关键；全球公民社会提供的信息是环境非政府组织发挥作用的保障。全球公民社会作为全球化不断发展的一个重要产物，自身也存在着许多问题。这些问题也对环境非政府组织产生了负面的影响，主要体现为四个方面：对环境非政府组织发展的影响；对环境非政府组织法律地位的影响；对环境非政府组织独立性与代表性的影响；对环境非政府组织协调能力与活动效率的影响。因而在这种背景下，环境非政府组织要不断实现自身的发展与作用的持续发挥还有很长的路要走。它不仅需要自身的完善，也需要国家的支持，更需要与全球公民社会发展紧密结合起来。

环境非政府组织的发展与一个国家的经济、政治与文化有着紧密的关系。这从前面的环境非政府组织的发展历程梳理及特点总结中可以得到明确的答案。在经济较为发达且民主、政治发展较为充分的国家，环境非政府组织的发展则较好。在经济落后且民主政治发展也不充分的国家，环境非政府组织发展则较为缓慢。当然，这也存在着个例的差异。国家—政府的认同度也与环境非政府组织的发展高度关联。如果国家—政府对环境非政府组织持有成见与异议，对环境非政府组织从入口处严加限制，那么环境非政府组织的发展则较为困难；反之，则容易得多。因此，环境非政府组织不能仅仅作为国家—政府的反对者与监督者，也要做国家—政府的合作者。当然在合作的过程中还要保持环境非政府组织自身的独立性，不能成为国家—政府的附庸者或依附者。这对环境非政府组织至关重要。因为它关系着公众的社会认可度，不能仅仅为了取得合法地位与身份而放弃自身发展的力量基础与源泉。

中国的环境非政府组织发展历史较短，规模也较小。它们在环境治理与环境保护中发挥的作用与西方发达国家相比还有很大的差距，但它们在推动中国环境保护方面发挥的作用却是越来越重要。角色的重要并不代表自身能力没有缺陷。以自然之友为代表的中国环境非政府组织在促进中国环境可持续发展方面还存在着严重的角色缺陷。因此，中国环境非政府组织的发展还有很长的一段路要走。

世界是处于动态发展之中的，无论是行为体还是行为体的作用发挥都存在变化、发展的可能或趋势。因而，对环境非政府组织在环境治理与环境保护中的作用考察特别是在全球化的背景下的作用考察也理应是一个动态的过程。毕竟无论是环境非政府组织还是全球公民社会也都处于动态发展之中。

参 考 文 献

中文部分

1. 《马克思恩格斯选集》（第 1 卷），人民出版社 1995 年版。

2. ［德］黑格尔：《法哲学原理》，范扬、张企泰译，商务印书馆 1961 年版。

3. ［德］尤尔根·哈贝马斯：《交往与社会进化》，张博树译，重庆出版社 1989 年版。

4. ［德］马克斯·韦伯：《经济与社会》（上卷），林荣远译，商务印书馆 2004 年版。

5. ［法］让－马克·夸克：《合法性与政治》，佟心平、王远飞译，中央编译出版社 2002 年版。

6. ［法］让－雅克·卢梭：《社会契约论》，何兆武译，商务印书馆 1997 年版。

7. ［法］亚历山大·基斯：《国际环境法》，张若思译，法律出版社 2000 年版。

8. ［美］奥兰·扬：《世界事务中的治理》，陈玉刚、薄燕译，上海人民出版社 2007 年版。

9. ［美］杰勒德·克拉克：《发展中国家的非政府组织与政治》，载何增科主编《公民社会与第三部门》，社会科学文献出版社 2000 年版。

10. ［美］莱斯特·M. 萨拉蒙等：《全球公民社会——非营利部门视界》，贾西津、魏玉等译，社会科学文献出版社 2007 年版。

11. ［美］托克维尔：《论美国的民主》上卷，董果良译，商务印书馆 1993 年版。

12. ［美］M. 拉塞主编《政府和环境政治：论二次大战以来的历史发

展》，华盛顿威尔逊中心出版社 1989 年版。

13. ［美］约瑟夫·奈：《美国霸权的困惑》，郑志国等译，世界知识出版社 2002 年版。

14. ［美］劳伦斯·迈耶等：《比较政治学》，罗飞等译，华夏出版社 2001 年版。

15. ［美］玛格丽特·E. 凯克、凯瑟琳·辛金克：《超越国际的活动家——国际政治中的倡议网络》，韩召颖等译，北京大学出版社 2005 年版。

16. ［美］罗伯特·布坎南：《使民主运转起来》，江西人民出版社 2001 年版。

17. ［美］罗伯特·基欧汉：《局部全球化世界中的自由主义、权力与治理》，门洪华译，北京大学出版社 2004 年版。

18. ［美］威廉·J. 鲍莫尔、华莱士·E. 奥茨：《环境经济理论和政策设计》，严旭刚译，北京经济科学出版社 2003 年版。

19. ［美］詹姆斯·罗西瑙：《没有政府的治理》，张胜军、刘小林等译，江西人民出版社 2006 年版。

20. ［美］亚历山大·温特：《国际政治的社会理论》，秦亚青译，上海世纪出版集团 2000 年版。

21. ［美］马克·E. 沃伦：《民主与信任》，吴辉译，华夏出版社 2004 年版。

22. ［美］彼得·卡赞斯坦：《国家安全的文化：世界政治中的规范与认同》，宋伟、刘铁娃译，北京大学出版社 2009 年版。

23. ［美］玛莎·芬尼莫尔：《国际社会中的国家利益》，袁正清译，浙江人民出版社 2001 年版。

24. ［美］罗伯特·维纳：《人有人的用处：控制论与社会》，陈步译，商务印书馆 1978 年版。

25. ［美］罗伯特·基欧汉、约瑟夫·奈：《权力与相互依赖》，中国人民公安大学出版社 1992 年版。

26. ［挪威］弗里德约夫·南森研究所编：《绿色全球年鉴：2000/2001》，中国环境保护总局译，中国环境科学出版社 2002 年版。

27. ［日］星野召吉：《全球化时代的世界政治：世界政治的行为主体与结构》，刘小林、梁云祥译，社会科学文献出版社 2004 年版。

28. ［希腊］亚里士多德：《政治学》，吴寿彭译，商务印书馆 1965 年版。

29. ［英］霍布斯：《利维坦》，黎思复、黎廷弼译，商务印书馆 1985 年版。

30. ［英］洛克：《政府论》，叶启芳、瞿菊农译，商务印书馆 1965 年版。

31. ［英］克里斯托弗·卢茨主编：《西方环境运动：地方、国家和全球向度》，徐凯译，山东大学出版社 2005 年版。

32. ［英］戴维·M. 沃克：《牛津法律大词典》，邓正来译，光明日报出版社 1988 年版。

33. ［意］葛兰西：《狱中札记》，曹雷雨等译，中国社会科学出版社 2000 年版。

34. 蔡拓：《非营利组织基本法律制度研究》，厦门大学出版社 2005 年版。

35. 蔡守秋：《环境政策法律问题研究》，武汉大学出版社 1999 年版。

36. 蔡守秋、常纪文：《国际环境法学》，法律出版社 2004 年版。

37. 《辞海》（词语增补本），上海辞书出版社 1982 年版。

38. 陈周旺：《正义之善——论乌托邦的政治意义》，天津人民出版社 2003 年版。

39. 丁金光：《国际环境外交》，中国社会科学出版社 2007 年版。

40. 邓国胜：《非营利组织评估》，社会科学文献出版社 2001 年版。

41. 邓正来主编：《布莱克维尔政治学百科全书》（修订版），中国政法大学出版社 2002 年版。

42. 邓正来主编：《国家与市民社会——一种社会理论的研究路径》，中央编译出版社 1999 年版。

43. 郭庆光：《传播学教程》，中国人民大学出版社 2003 年版。

44. 江宜桦：《自由主义、民族主义与国家认同》，台湾扬智文化事业股份有限公司 1998 年版。

45. 李慎明、王逸舟：《2002 年：全球政治与安全报告》，社会科学文献出版社 2002 年版。

46. 李少军：《国际关系学研究方法》，中国社会科学出版社 2008 年版。

47. 刘贞晔：《国际政治领域中的非政府组织》，天津人民出版社 2005 年版。

48. 刘金源、李义中、黄光耀：《全球化进程中的反全球化运动》，重庆出版社 2006 年版。

49. 马骧聪：《国际环境法导论》，社会科学文献出版社 1994 年版。

50. 饶戈平主编：《全球化进程中的国际组织》，北京大学出版社 2005 年版。

51. 孙宽平、滕世华：《全球化与全球治理》，湖南人民出版社 2003 年版。

52. 世界环境与发展委员会：《我们共同的未来》，王之佳、柯金良等译，吉林人民出版社 1997 年版。

53. 史学瀛：《环境法学》，清华大学出版社 2005 年版。

54. 田作高：《信息革命与世界政治》，商务印书馆 2006 年版。

55. 王杰、张海滨、张志洲主编：《全球治理中的国际非政府组织》，北京大学出版社 2004 年版。

56. 王杰主编：《国际机制论》，新华出版社 2002 年版。

57. 王名：《非营利组织管理概论》，中国人民大学出版社 2002 年版。

58. 王逸舟：《全球政治和中国外交——探寻新的视角与解释》，世界知识出版社 2003 年版。

59. 王列：《全球化与世界》，中央编译出版社 1998 年版。

60. 王铁军：《全球治理机构与跨国公民社会》，上海人民出版社 2011 年版。

61. 夏光：《环境政策创新：环境政策的经济分析》，中国环境科学出版社 2002 年版。

62. 徐莹：《当代国际政治中的非政府组织》，当代世界出版社 2006 年版。

63. 俞可平：《全球化：全球治理》，社会科学文献出版社 2003 年版。

64. 俞可平主编：《治理与善治》，社会科学文献出版社 2000 年版。

65. 中国大百科全书总编辑委员会《经济学》编辑委员会：《中国大百科全书·经济学》，中国大百科全书出版社 1988 年版。

66. 《中国新闻实用大辞典》，新华出版社 1996 年版。

67. 曾思育：《环境管理与环境社会科学研究方法》，清华大学出版社 2004 年版。

68. 周俊：《全球公民社会引论》，浙江大学出版社 2010 年版。

69. 赵可金：《全球公民社会与民族国家》，上海三联书店 2008 年版。

70. 张海滨：《环境与国际关系——全球环境问题的理性思考》，上海人民出版社 2008 年版。

71. 张贵洪编著：《国际组织与国际关系》，浙江大学出版社 2004

年版。

72.《中国环境执法全书》，红旗出版社 1997 年版。

73. 中国现代国际关系研究所编著：《信息革命与国际关系》，时事出版社 2003 年版。

74. ［巴西］埃米尔·萨德尔：《左派的新变化》，《国外理论动态》2003 年第 4 期。

75. ［美］保罗·吉尔斯：《国际市民社会——国际体系中的国家间非政府性组织》，《国际社会科学杂志》（中文版）1993 年第 3 期。

76. ［日］远藤贡：《"市民社会"论——全球适用的可能性与问题》，《国际问题》2000 年 10 月号。

77. ［英］戴维·赫尔德：《重构全球治理》，《南京大学学报》（哲学·人文科学·社会科学）2011 年第 2 期。

78. 毕跃光：《民族认同、族际认同与国家认同的共生关系研究》，博士学位论文，2011 年。

79. 蔡拓、王南林：《全球治理：适应全球化的新的合作模式》，《南开学报》2004 年第 2 期。

80. 陈晓春、张彪：《非营利组织准公共产品初论》，《长沙民政职业技术学院学报》2003 年第 3 期。

81. 陈宗明：《台湾民间环保组织团体的兴起与发展》，《环境导报》1995 年第 4 期。

82. 陈伟东：《当代西欧新中间阶层政治文化初探》，《社会主义研究》1994 年第 2 期。

83. 陈建樾：《种族与殖民——西方族际政治观念的一个思想史考察》，《民族研究》2008 年第 1 期。

84. 程经：《自然之友发布首部民间环境绿皮书》，《绿叶》2006 年第 3 期。

85. 唐兴霖、周幼平：《中国非政府组织研究：一个文献综述》，《学习论坛》2010 年第 1 期。

86. 段绪柱：《政治发展进程中的第三部门作用浅析》，《行政论坛》2005 年第 3 期。

87. 党政军：《监督是提高非营利组织公信力的关键——来自美国的经验与启示》，《世界经济与政治》2008 年第 5 期。

88. 郭晓勤、欧书阳：《中国环境 NGO 角色定位：问题与对策》，《学会》2010 年第 7 期。

89. 郭印：《借鉴日本经验发展中国环境非政府组织》，《环境保护与循环经济》2010 年第 7 期。

90. 郭印：《中日韩三国开展环保 NGO 交流与合作的探索》，《生态经济》2009 年第 3 期。

91. 顾金土、杨贺春：《乡村居民的环境维权问题解析》，《南京工业大学学报》（社会科学版）2011 年第 2 期。

92. 顾建光：《非政府组织的兴起及其作用》，《上海交通大学学报》（哲学社会科学版）2003 年第 6 期。

93. 何增科：《全球公民社会引论》，《马克思主义与现实》2002 年第 3 期。

94. 何惠明：《印度的环保 NGO》，《环境》2006 年第 2 期。

95. 霍淑红：《国际非政府组织（INGOS）的角色分析——全球化时代 INGOs 在国际机制发展中的作用》，博士学位论文，山东科技大学，2006 年。

96. 黄超：《全球治理中跨国倡议网络有效性的条件分析》，《国际观察》2010 年第 4 期。

97. 孔德永：《当代中国社会转型时期的政治认同问题研究》，博士学位论文，山东大学，2006 年。

98. 林永亮：《全球治理的规范缺失与规范建构》，《世界经济与政治论坛》2011 年第 1 期。

99. 李劲：《公民社会概念界分与中国现代性社会结构重塑》，《中共云南省委党校学报》2008 年第 1 期。

100. 李峰：《试论英国的环境非政府组织》，《学术论坛》2003 年第 6 期。

101. 李冬：《日本的环境 NGO》，《东北亚论坛》2002 年第 3 期。

102. 李瑞昌：《"亚政治"与"新社会运动"》，《复旦学报》（社会科学版）2006 年第 6 期。

103. 刘贞晔：《国际政治视野中的全球市民社会——概念、特征和主要活动内容》，《欧洲》2002 年第 5 期。

104. 刘颖：《跨国社会运动动员的限制性因素分析——以全球替代运动为例》，《太平洋学报》2011 年第 2 期。

105. 刘宏松：《跨国社会运动及其政策议程的有效性分析》，《现代国际关系》2003 年第 10 期。

106. 刘金源：《世界社会论坛——反全球化运动的新形式》，《国际论坛》2005 年第 6 期。

107. 刘传春：《国际政治中的非政府间国际组织》，《国际论坛》1999 年第 6 期。

108. 刘斌：《新科技革命与国际政治》，博士学位论文，中共中央党校，2004 年。

109. 卢丽华：《"全球公民"教育思想的生成与流变》，《比较教育研究》2009 年第 11 期。

110. 赖章盛：《环境伦理与和谐社会》，《江西社会科学》2005 年第 10 期。

111. 蒲文胜：《全球化及全球化背景下的新行为主体——一个成长中的全球公民社会及其诉求》，《前沿》2010 年第 11 期。

112. 强音、高山：《国际环境非政府组织的演变及其原因》，《铜仁师范高等专科学校学报》2005 年第 4 期。

113. 秦天宝：《国际环境法的特点初探》，《中国地质大学学报》（社会科学版）2008 年第 3 期。

114. 孙茹：《地球之友》，《国际资料信息》2003 年第 1 期。

115. 孙静：《论国际环境法的渊源》，《滁州学院学报》2007 年第 2 期。

116. 陶涛：《全球治理中的非政府组织》，《当代世界》2007 年第 4 期。

117. 陶文昭：《全球公民社会的作用及其变革》，《文史哲》2005 年第 5 期。

118. 王东：《浅谈土地荒漠化的成因及治理》，《内蒙古草叶》2010 年第 2 期。

119. 王民：《环境意识概念的产生与定义》，《自然辩证法通讯》2000 年第 4 期。

120. 王磊：《信息时代社会发展研究——一种基于互联网的考察》，博士学位论文，中共中央党校，2011 年。

121. 汪晓风：《信息与国家安全》，博士学位论文，复旦大学，2005 年。

122. 王军：《自然之友：中国民间环保意识的崛起》，《瞭望·新闻周刊》1996 年第 11 期。

123. 王津等：《环境 NGO——中国环保领域的崛起力量》，《广州大学学报》（社会科学版）2007 年第 2 期。

124. 徐崇温:《非营利组织的界定、历史和理论》,《中国党政干部论坛》2006 年第 5 期。

125. 徐凯:《跨国环境非政府组织研究》,硕士学位论文,2002 年。

126. 徐恺:《全球治理中国际公民社会运动与民主赤字》,《理论界》2009 年第 5 期。

127. 肖晓春:《法治视野中的民间环保组织研究》,博士学位论文,湖南大学,2007 年。

128. 肖隆安、李晓阳:《论国际环境法的产生与发展》,《上海环境科学》1993 年第 7 期。

129. 谢雪华:《关于全球治理的几个问题》,《湖湘论坛》2009 年第 2 期。

130. 夏建平:《认同与国际合作》,博士学位论文,华中师范大学,2006 年。

131. 新华社:《世界森林面积减少严重》,2001 年 11 月 13 日。转引自中国网:http://www.china.com.cn/chinese/kuaixun/75077.htm。

132. 易先良、龚雁梓:《环境意识初探》,《社会科学》1987 年第 5 期。

133. 余谋昌:《环境意识与可持续发展》,《世界环境》1995 年第 4 期。

134. 杨通进:《环境伦理与和谐社会》,载《光明日报》2005 年 7 月 5 日。

135. 郁建兴、蒲文胜:《全球公民社会话语的类型与模式》,《思想战线》2008 年第 2 期。

136. 袁祖社:《"全球公民社会"的生成及文化意义——兼论"世界公民人格"与全球"公共价值"意识的内蕴》,《北京大学学报》(哲学社会科学版)2004 年第 4 期。

137. 杨筱:《认同与国际关系———一种文化理论》,博士学位论文,2000 年。

138. 杨旗:《全球文化:一个不断扩展的概念》,《中南民族大学学报》(人文社会科学版)2007 年第 3 期。

139. 杨学功:《拒斥还是辩护:全球化中的普遍主义和特殊主义》,《江海学刊》2008 年第 2 期。

140. 郁建兴、蒲文胜:《全球公民社会话语的类型与模式》,《思想战线》2002 年第 2 期。

141. 《英国首相布莱尔就藏羚羊保护向中国民间环保组织"自然之友"会长梁从诫教授做出答复》,《森林与人类》2003 年第 2 期。

142. 《圆明园防渗工程事件》,自然之友网站:http://www.fon.org.cn/channal.php? cid =511

143. 中国互联网络信息中心:《第 28 次中国互联网络发展状况统计报告》,http://www.cnnic.cn/dtygg/dtgg/201107/ W020110719521725234632.pdf。

144. 《中国环保民间组织现状调查报告》,"自然之友"网站:http://www.fon.org.cn/content.php? aid =8279。

145. 邹晶:《不唱"绿色高调"的自然之友——梁从诫访谈录》,《环境教育》2001 年第 6 期。

146. 周国文:《"公民社会"概念溯源及研究述评》,《哲学动态》2006 年第 3 期。

147. 周小庄:《另一种世界是可能的》,《读书》2004 年第 6 期。

148. 周俊:《全球公民社会与国家》,博士学位论文,浙江大学,2007 年。

149. 赵黎青:《环境非政府组织和联合国体系》,《现代国际关系》1998 年第 10 期。

150. 赵秀梅:《中国 NGO 对政府的策略:一个初步考察》,《开放时代》2004 年第 6 期。

151. 张淑兰:《中印环境非政府组织的比较》,《鄱阳湖学刊》2010 年第 2 期。

152. 张淑兰:《印度的环境非政府组织:以 NBA 为例》,《唐都学刊》2007 年第 5 期。

153. 张子超:《环境伦理与永续发展》,参见 http://www.tnfsh.tn.edu.tw/course/resource/007.doc。

154. 章前明:《英国学派与建构主义中的规范概念》,《世界经济与政治论坛》2009 年第 2 期。

155. 李华锋、李媛媛:《英国工党执政史论纲》,中国社会科学出版社2014 年版。

156. 秦正为:《中国特色社会主义制度体系的形成及其历史意义》,《探索》2012 年第 1 期。

157. 秦正为:《国家利益与意识形态:中国特色社会主义文化的发展道路》,《内蒙古社会科学》2012 年第 3 期)

英文部分

1. Ann M. Florini, ed., *The Third Force: The rise of transnational civil society*, published by the Japan center for international exchange, Tokyo, and the Carnegie endowment for international peace, Washington, D. C., 2000.

2. Arts Bas, *The Political Influence of Global NGOs: Case Studies on the Climate and Biodiversity Conventions*, Utrecht: International Books, 1998.

3. Barry Commoner, *The Closing Circle: Nature, Man and Technology*, Bantam Books Reissue Edition, 1980.

4. Barber Chris, *Culture Identity & Late Modernity*, London: Sage, 1995.

5. Bloodgood Elizabeth Anne, *Influential information: Non - governmental organizations'role in foreign policy - making and international regime formation*, Ph. D. Princeton University, 2002.

6. Borowiak Craig Thomas, *Critical accountability: Markets, citizenship, global governance.* Ph. D. Duke University, 2004.

7. ChangPeiheng, *Non - Governmental or Ganizations at the United Nations: Identity, Role and Function*, New York: Praeger, 1981.

8. C. D. Scott and R. Hopkins, *The Economics of Non - Governmental Organizations*, London: London School of Economics, 1999.

9. Cullen Pauline Patricia, *Sponsored Mobilization: EuropeanUnion non-governmental organizations, international governance and activism for social rights*, Ph. D. State University of New York at Stony Brook, 2003.

10. David Hunter, James Salzman and Durwood Zaelke, *International Environmental Law and Policy*, London: Earthscan, 1998.

11. David Hulme, ed., *NGOs, state and Donors: too close for comfort?*, New York: St. Martin's Press, 1997.

12. Edward Carr, *The Twenty Years' Crisis, 1919 - 1939: An Introduction to the Study of International Relations*, 2nd ed. Reprint, New York: Harper and Row, 1964.

13. Gareth Porter and Janet Welsh Brown, *Global Environment Politics*,

2nd edition, Boulder, Colorado: Westview Press, 1996.

14. Gary M. Grobman, *the nonprofit handbook* (*the fourth edition*): *everything you need to know to start and run your nonprofit organization*, Harrisburg: white hat communications, 2005.

15. Gilbert Robert Joseph, *Globalization and the emerging power of civil society organizations*: *Prospects for a three − sector system of global governance*. Ph. D. University of South Carolina, 2000.

16. Grant J. Andrew, *Global governance and the Kimberley Process*: *The case of conflict diamonds and Sierra Leone*. Ph. D. Dalhousie University (Canada), 2006.

17. Helmut Anheier, Marlies Glasius and Mary Kaldor (eds.), *Global Civil Society Yearbook* 2001, Oxford University Press, 2001.

18. Hank Johnston, Albert Melucci, *New Social Movement*, Temple University Press, 1994.

19. Hanspeter Kriesi et al. , *New Social Movements in West Europe*: *A Comparative Analysis*, Minnesota University Press, 1995.

20. Has J. Morgenthau, *Politics Among Nations*: *the Struggle for Power and Peace*, 6th ed. , revised by Kenneth Thompson, New York: McGraw − Hill, 1985.

21. Hurrell and Kingsbury, ed. , *The International Politics of the Environment*, New York: Oxford University Press, 1992.

22. Jurgen Habermas: *Between Facts and Norm*, Cambridge: Polity Press, 1996.

23. Jean Cohen and Andrew Aroto, *Civil Society and Political Theory*, Cambridge: The MIT Press, 1992.

24. John Keane, *Global Civil Society?* London: Cambridge University Press, 2003.

25. John C. Berg Teamster and Turtles, *U. S. Progressive Political Movements in the 21st Century*, Lanham. Blouder. New York: Oxford, 2003.

26. Kenneth N. Waltz, *Theory of International Politics* , The U. S. : Addison − Wesley Publishing Company, 1979.

27. Kahler Miles, *International and Political Economy of Integration*, Washington D. C. : The Brookings Institution, 1995.

28. Keck, Margaret and Kathryn Sikkink, *Activists Beyond Borders*: *Advocacy Networks in international relations*, Ithaca, N. Y. : cornell university Press, 1998.

29. Katz Hagai, *Global civil society and global governance*: *Co - opted or counter - hegemonic? Analyzing international NGO networks in the context of Gramscian theory*, Los Angeles: Ph. D. University of California, 2005.

30. Lorraine Elliott, *The Global Politics of the Environment*, Published by Macmillan Press LTD, 1998.

31. M. E. Keck and K. Sikkink, *Activists beyond Borders*: *Advocacy Networks in International Politics*, Ithaca: Cornell University Press, 1998.

32. Neil Carter, *The Politics of the Environment*, Cambridge, UK: Cambridge University Press, 2001.

33. Peter Willetts, *The Conscience of the World - The Non - Governmental Organizations in the U. N System*, London: Hurst & Company, 1996.

34. Peter Katzenstein, *The Culture of National Secutity*: *Norms and Identity in World Politics*, New York: Colubia University Press, 1996.

35. Princen, Thomas and Matthias Finger, *Environmental NGOs in world politics*: *linking the local to the global*, London and New York: Routledge, 1994.

36. Salamon Lester M. , ed. , *the state of nonprofit America*, Washington, D. C. : Brookings Institution Press, 2002.

37. T. Princen and M. Finger, *Environmental NGOs in World Politics*: *Linking the Local to the Global*, London and New York: Routledge, 1994.

38. Thomas Risse - Kappen, ed. , *Bringing Transnational Relations Back in*: *Non - State Actor, Domestic Structure and International Institution*, Cambridge, UK: Cambridge University Press.

39. Ted Trzyna, ed. , *World Directory of Environmental Organizations*, 6th Edition, California Institute of Public Affairs, 2001.

40. William F. Fisher and Thomas Ponniah eds. , *Another World is Possible*: *Popular Alternatives to Globalization at the World Social Forum*, London and New York: Zed Books, 2003.

41. Weisbrod Burton, *To profit or not to profit*: *The commercial transforma-*

tion of the non - profit sector, New York: Cambridge University Press, 1998.

42. Weiss Thomas and leon Gordenker, *NGO, the UN, and Global governance*, London: Lynne Rienner Publishers, 1996.

43. Willetts Peter, *The Conscience of the world: the Influence of NGOs in the UN system*, London: Hurst and Company, 1996.

44. Lester M. Salamon, S. Wojciech Sokolow ski Regina List, *Global Civil Society: Dimensions of the Nonprofit Sector*, Bloomfield: Kumarian Press, 2004.

45. Alexander Gillespie, "*Transparency in International Environment Law: A Case Study of the International Whaling Commission*", Georgetown International Environmental Law Review, 2001, 14 (4).

46. Anthony Stoppard, "*The Jo'burg World Summit NGOs Split on Ways to Fight Poverty*", http://www.indiatogether.org/environment/articles/wssdngos.htm.

47. Andrew Appleton, "*The New Social Movement Phenomenon: Placing France in Comparative Perspective*", West European Politics, Vol. 22, No. 4 (October, 1999).

48. Betsill Michele and Elisabeth Corell, "*NGO Influence in International Environmental Negotiations: A Framework for Analysis*", Global Environmental Politics 1 (4).

49. Brian Doherty & Timothy Doyle, "*Beyond Borders: Transnational Politics, Social Movements and Modern Environmentalisms*", Environmental Politics, Vol. 15, No. 5, November 2006.

50. Clark, Ann Marie, "*Non - governmental Organizations and Their influence on International Society*", Journal of International Affairs, Vol. 48, No. 2, Winter 1995.

51. C. M. Chinkin, "*The Challenge of Soft Law: Development and Change in International Law*", International and Comparative Law Quarterly, 1989.

52. Claude E. Shannon and W. Weaver, "*Mathematical Theory of Communication*", Bell System Technical Journal, 1948, Vol. 27, Issue. 3.

53. Christopher Heurlin, "*Governing Civil Society: The Political Logic of NGO - State Relations Under Dictatorship*", Voluntas (2010) 21.

54. Donatella Della Porta, "*Transnational social movements: A Challenge for Social Movements Theory? Paper For The Conference Crossing Borders: On The Road Towards Transnational Social Movement Analysis*", WZB October, 2006. http: //www. wzb. eu/zkd/zcm/projekte/past/crossingborders. en. htm.

55. Doug McAdam and Dieter Rucht, "*The Cross – National Diffusion of Movement Ideas*", Annals of the Academy of Political and Social Science 528 (July 1993).

56. Greenpeace, *The History of Greenpeace*, http: //www. greenpeace. org/international_ en/history/.

57. Gordon Walker, "*Globalizing Environmental Justice*", Global Social Policy, Vol. 9 (3), 2009.

58. Immanuel Wallerstein, "*The Rising Strength of the World Social Forum*", Dialogue and Universalism, Vol. 14, Issue 3/4, 2004.

59. Hein – Anton Van Der Heijden, "Glboalization, *Environmental Movements, and International Political Opportunity Structures*", Organization & Environment, Vol. 19 No. 1, March 2006.

60. Jennifer Turner, "*Small Emerging Partnerships to Government Solve Big and Green Society: China's Environmental Problems*",   Harvard Asia Quarterly, Vol. 8,   No. 2 (Spring 2004).

61. Lisa Mclntosh Sundstrom, "*Foreign Assistance, International Norms, and NGO Development*", International Organization, Spring 2005.

62. Mairin Barclay, "*IUCN' s Fifty Year Evolution from 'Protection' to 'Sustainable Use'*", http: //www. iucn. org/about/index. htm.

63. M. R. Auer, "*Who participates in global environmental governance? Partial answers from international relations theory*", Policy Sciences 33, 2000.

64. Martha Finnemore and Kathryn Sikkink, "*International Norm Dynamics and Political Change*", International Organization, Vol. 52 Issue 4, Autumn 1998.

65. Martha Finnemore and Kathryn Sikkink, "*International Norm Dynamics and Political Change*", Exploration and Contestation in the Study of World Politics.

66. Mary Kaldar, "Civil society and Accountability", *Journal of Human*

Development, 2003, Vol. 4 No. 4.

67. Nina L. Hall, Ros Taplin, "*Environmental Nonprofit Campaigns and State Competition: Influences on Climate Policy in California*", Voluntas (2010) 21.

68. Oran R. Young, "*International Regimes: toward a new Theory of Institutions*", *World Politics*, 1986, Vol. 39

69. Price Marie, "*Ecopolitics and environmental nongovernmental organizations in Latin America*", Geographical Review, 1994, 84 (1).

70. Peter Haas, "*Introduction: Epistemic Community International Policy Coordination, Knowledge, Power and International Policy Coordination*", special issue, International Organization 46 (Winter 1992).

71. Paul Wapner, "*Politics Beyond the State: Environmental Activism and World Civic Politics*", World Politics 47, April 1995.

72. Robert W. Cox, "*Civil Society at the Millennium: Prospects for an Alternative World Order*", Review of International Studies, Vol. 25 (1999).

73. Rudig Schmitt - Beck, "*A Myth Institutionalized: Theory and Research on New Social Movements in Germany*", Europe Journal of Political Research, 21/1992.

74. Robin Cohen, "*Transnational Social Movement: An Assessment*", Paper To Transnational Communities Programme Seminer Held at the School of Geography, University of Oxford, 19 June 1998.

75. Sebastian Oberthur and Hermann E. Ott, "*The Kyoto Protocol: International Climate Policy for the 21st Century*", Berlin, Springer, 1999.

76. S. Sai Krishnan, "*NGO Relations with the Government and Private Sector*", Journal of Health Management, 9, 2 (2007).

77. UN ECOSOC Resolution 1296 (XLIV), para. 7. The full text of the resolution, see "*The Conscience of the world': The Influence of Non - Governmental Organizations in the UN System*", Edited by Peter Willetts (London: Hurst & Company, 1996), Appendix B.

78. World Bank Website, "*Nongovernmental Organizations and Civil Society/Overview*", URL = http://www. wbln0018. worldbank. org/ essd. nsf/NGOs/home.

79. Walter W. Powell, "*Neither Market nor Hierarchy: Network Forms of*

Organization," Research in Organization Behavior 12（1990）.

相关网站

1. 维基百科：http：//zh. wikipedia. org/zh/。
2. 百度百科：http：//baike. baidu. com/。
3. 自然之友网站：http：//www. fon. org. cn/。
4. 中国新闻网：http：//www. chinanews. com/。
5. 绿色和平组织网站：http：//www. greenpeace. org。
6. 中国网：http：//www. china. com. cn。

后　记

　　日子过得真是快，就如朱自清在《匆匆》中写的那样："在默默里算着，八千多日子已经从我手中溜去；像针尖上一滴水滴在大海里，我的日子滴在时间的流里，没有声音，也没有影子。于是——洗手的时候，日子从水盆里过去；吃饭的时候，日子从饭碗里过去；默默时，便从凝然的双眼前过去。我觉察他去的匆匆了，伸出手遮挽时，他又从遮挽着的手边过去。天黑时，我躺在床上，他便伶伶俐俐地从我身上跨过，从我脚边飞去了。等我睁开眼和太阳再见，这算又溜走了一日。我掩着面叹息。但是新来的日子的影儿又开始在叹息里闪过了。"转眼间，博士毕业已经整整三个年头了。如果追溯到2006年硕士毕业进入高校从事教学科研工作，现在，自己独立开始科研工作已有9个年头。9年来的科研经历中令自己感触最深，记忆最深刻的还是攻读博士学位的那三年，特别是自己博士学位论文最终结稿并通过答辩时的情景仍然历历在目。毕竟三年的辛苦与修行终于有了结果。现在三年的辛苦结果就要付梓的时候，内心感慨万千，同时也充满着感激与感谢！

　　首先要感谢的是我的导师王存刚教授。没有王老师的垂青与厚爱，我就无法进入天津师范大学攻读博士学位，更没有今天博士学位论文的出版。当初先生不嫌我水平低下，给了我学术与做人等方面的指导与帮助，使我真正进入了学术研究的殿堂，先生的治学严谨与为人宽厚使我感触颇深，至今仍令我难忘，先生是我一生学习的榜样。从攻读博士学位到现在6年多的时间，我发表论文20余篇（全国中文核心期刊9篇，CSSCI 4篇），参编著作2部，主编教材1部，主持完成国家民委课题1项，主持国家社科基金项目1项，山东省高等学校人文社科研究项目1项，参与（完成）国家社科基金项目3项，山东省社科规划重点项目2项，国家民委课题1项。可以说，这些成果和我的成长，都是与先生的关爱分不开的。

同时感谢导师组余金成教授、荣长海教授、杜鸿林教授。三年的博士学习生活，我在先生们那里不仅学到丰硕的知识、严谨的治学方法，更领略、学习到先生们的高尚品格。先生们严谨的治学态度和高尚品格也是我一生的榜样！各位先生在开题、写作过程中，都提出了许多中肯的建议并给予了很多帮助和鼓励。南开大学阎孟伟教授、寇清杰教授在论文开题中提出了许多中肯的修改意见；北京大学孔凡君教授、天津大学孙兰英教授在论文评审中对论文给予了肯定并提出了一些修改意见，在此也一并表示深深的谢意！

在我求学和从事学术研究的道路上，还有许多要感谢的人。首先要提到的是，已经故去的中国国际共运史学会原副会长、华东师范大学博士生导师姜琦教授，还有我的硕士生导师、华东师范大学原副校长范军教授。姜先生学术造诣高深，为人谦和、善待学生、生活简朴。结识姜先生是我一生的幸运！感谢姜先生对我学术道路的指引，感激姜先生在我人生迷茫时给我的无私帮助与教诲！跟随范先生的硕士三年是我的学术启蒙阶段，范先生花费了大量的时间和精力帮助我的成长。在博士论文的写作过程中范先生更是在百忙之中给予了许多帮助与鼓励，使我得以在论文进展困难时有继续下去的信心和勇气。上海外国语大学胡加圣、李艳夫妇自我上大学以来就一直关注我的成长并给予了无私的帮助与鼓励。中国国际问题研究所的徐龙第博士、上海政法学院孔凡河副教授、中共中央党校科学社会主义教研部康晓强博士等都曾给予不同的鼓励、支持和帮助。聊城大学政治与公共管理学院资料室的李卫红老师，在资料查阅上提供了很多帮助。山东大学政治学与公共管理学院博士候选人王伟在德国留学期间帮我收集了大量相关外文资料。求学期间，赵壮道、程晋富、周书焕、陈勇、苗国强、李希望、于双远等各位博士在学习和生活上也帮助多多，使得博士学习的三年快乐而充实。在此一并对他们表示衷心的感谢！

感谢聊城大学社科处、政治与公共管理学院、世界共运研究所的各位领导、老师与同事，他们是林建华教授、张祥云教授、王昭风教授、黄富峰教授、孙德海书记、李华锋教授、郭庆堂教授、魏宪朝教授、唐明贵教授、姜爱凤教授、丁祖豪教授、于学强教授、季昌伟副书记、张有军副教授、孟伟副教授、秦正为副教授、邹庆国副教授。他们为本书的写作与出版提供了甚多的帮助，也为我搭建了很好的学术平台，创造了优良的学术环境。同时也感谢我的家人，他们的支持与关爱让我能够走到今天。

本书在写作过程中，曾参考了众多专家学者的成果，对于他们的劳动和汗水在此也致以崇高的敬意和诚挚的谢意！

本书的写作虽力求其精，然毕竟时间短暂，水平有限，因而肯定会存在许多不足和欠缺之处。在此，真诚希望和欢迎专家学者们的批评指正。

刘子平

2015 年 7 月 20 日